Für Niklas und Jonas

»Walk in your shoes!«
Das wünsche ich mir für euch.

ROMEON
VERLAG

Fit für die Karriere
1. Auflage, erschienen 1-2023

Umschlaggestaltung: Romeon Verlag
Text und Illustrationen: Kerstin Harney
Layout: Romeon Verlag

ISBN: 978-3-96229-393-2

www.romeon-verlag.de

Bibliografische Information der Deutschen Nationalbibliothek:
Die Deutsche Nationalbibliothek verzeichnet diese Publikation in der Deutschen Nationalbibliografie; detaillierte bibliografische Daten sind im Internet über *https://portal.dnb.de/opac.htm* abrufbar.

Kerstin Harney

FIT FÜR KARRIERE!

Karriere **gestalten.**

Persönlichkeit **zeigen.**

Führungskraft **entwickeln.**

Assessment-Center **meistern.**

+ Zusatzmaterial **ONLINE**

INHALT

Vorwort *9*

Vorweg *12*

I. Fit für deine Karriere

Fit für deine Karriere 24

Review! 26

1 Wer bist du? 27

2 Was kannst du? 38

Interview mit Dr. Ronald Franke – LINC GmbH 46

Reflect! ***56***

3 Was macht dich besonders? 57

4 Fit for Future – Karriereskills 63

Reframe! ***76***

5 Vision und Karriereplanung 77

6 Gos und No-Gos 96

Interview mit Martin von Hirschhausen 102

II. Fit für Führung

	Fit für Führung	114
	Reflect!	***116***
# 7	Nur wer sich selbst führt, kann auch andere führen!	117
# 8	Fit for Future – Führungsskills	126
	Reinvent!	***149***
# 9	Führungskraft entfalten	151
#10	Deine Positionierung als Führungskraft	166
	Grow!	***178***
#11	Wie geht Veränderung? Mit Growth Mindset	179
#12	Der Erfolg beginnt im Kopf – LOOP the WOOP	188

III. Fit fürs Auswahlverfahren

	Fit fürs Auswahlverfahren	210
	Reflect!	***212***
#13	Geh die Extrameile – ohne ZDF geht es doch nicht	213
# 14	Ein Date ist noch keine Hochzeit	223
	Interview mit Kathrin Jeglejewski	229
	Create!	***238***
#15	Selbstpräsentation – Erzähl eine Geschichte. Deine!	239
#16	Wer fragt, der führt? Wer führt, der fragt. Das Jobinterview	250

Differentiate! ***268***
17 Personality is key! 269
18 Auf den Punkt 278
Personal Leadership Canvas 283
Du bist startklar! 284

Dank 288
Über die Autorin 290

VORWORT

Seit vielen Jahren begleiten Kerstin und ich die unterschiedlichsten Menschen, Teams, Bereiche, Banken. Wir, die wir mit unseren Kunden ein Stück deren Weges gehen, teilen doch die gleiche Grundidee: Wir helfen den Kunden nachhaltig, ihre Herausforderungen zu meistern. So konnten wir in den Unternehmen immer wieder beobachten, wie Teams, Kollegen, Führungskräfte gemeinsam »ticken«, wie sie miteinander umgehen und ob sie umsetzungsstark und erfolgreich sind oder nicht.

Viele Abende haben wir miteinander diskutiert und analysiert, woran liegt es, dass es bei einigen besser funktioniert als bei anderen oder umgekehrt. Warum läuft das Projekt so? Warum verläuft dieses Seminar so und das letzte verlief ganz anders? Kerstin beschäftigte sich immer intensiver mit dem, was in den jeweiligen Teams oder Gruppen los ist. Warum ist die eine Führungskraft erfolgreich und souverän und eine andere Führungskraft ganz und gar nicht? Ich weiß nicht, wie viele Bücher von rechts nach links gewälzt wurden, wie viele Gespräche geführt und Erfahrungen ausgetauscht wurden, um noch mehr darüber zu erfahren. Das weiß Kerstin wahrscheinlich selbst nicht genau. Aber es gelang uns immer besser, »unsere Teams« zu leiten.

In unseren Projekten und Seminaren treffen wir immer wieder auf unterschiedliche Persönlichkeiten. Viele freuen sich auf die anstehende Veränderung. Einige haben aber auch Bedenken, dass vielleicht gute, lang erprobte Vorgehensweisen nicht erhalten bleiben. Und wir haben immer wieder erfahren, welchen Einfluss die Führungskräfte auf den Erfolgt haben. Im Laufe der Zeit wurde immer deutlicher, dass die Führungsqualitäten der TeamleiterInnen oft viel wichtiger sind als die fachliche Qualifikation. Vor allem wenn es darum geht, Dinge umzusetzen, ohne sie durchzudrücken.

Auch waren und sind wir in unseren Projekten Führungspersonen. Uns ist der Umgang auf Augenhöhe besonders wichtig. Sich darauf einzustellen und allen das Gefühl zu geben, gesehen und ernstgenommen zu werden, ist eine der Voraussetzungen für eine gelungene Zusammenarbeit. Dabei geben wir unsere Persönlichkeiten nie auf. Und ja, manchmal gibt es Konstellationen, die dazu führen, dass wir Projekte oder Seminare ablehnen. Immer mehr achten wir neben dem fachlichen Teil des Projektes und dem Team auch auf die einzelnen Personen. Diese einzuschätzen und bestmöglich zu unterstützen, den passenden Platz im Team einzunehmen, falls dieser noch unklar ist, ist eine unserer wichtigsten Funktionen. Ich denke, dieses »Gesamtpaket« macht uns so erfolgreich. Und das ist sicher auch der Grund, dass wir zu Einstellungsgesprächen und Assessments gerne unterstützend hinzugezogen werden.

Auf diesem ganzen Entwicklungsweg hatte Kerstin immer mehr Spaß, sich damit auseinanderzusetzen: Was macht eine richtig gute Führungskraft aus? Ganz so einfach ist das nicht auf den Punkt zu bringen. Aber einiges kann ich sicher sagen: Für mich ist eine Führungskraft authentisch. Sie ist ehrlich im Umgang mit sich und den Menschen. Das heißt für mich aber auch, Fehler anzusprechen und bei Bedarf sich durchsetzen zu können. Eine Führungspersönlichkeit nimmt die Verantwortung, das Team zu leiten und versteckt sich nicht. Dazu gehört manchmal eine gehörige Portion Mut. Sie entscheidet Dinge, auch wenn vielleicht Fehler entstehen könnten. Fehler passieren, wichtig ist nur, wie man damit umgeht und was man daraus lernt.

Aber wie kann das gelingen? Der wichtigste Schritt ist, sich damit auseinanderzusetzen, wer man als Führungskraft sein will und wo man seine Kraft einsetzen möchte. Die eigene Persönlichkeit ist dafür der relevante Ausgangspunkt. Dieses Buch kann dabei als Begleiter und Unterstützer dienen, wie man sich fit für diesen Weg macht.

Ich wünsche viele Erkenntnisse und viel Spaß auf dem Weg zur Führungskraft!

Beate Strohbach

VORWEG

Als ich mit 19 Jahren in meine Berufsausbildung zur Bankkauffrau startete, brauchte ich nur ein paar Tage, bis mir klar war: Es gab Führungskräfte, die es draufhatten, die wirklich führen und etwas bewegen wollten. Und es gab die anderen. Das Problem dabei war, dass »die anderen« viel mehr Schaden anrichteten, als die engagierten Führungskräfte gutmachen konnten. Wie groß das Problem wirklich war, stellte ich erst nach meinem Studium fest, als ich in der Konzernzentrale arbeitete. »Die anderen« waren an den entscheidenden Stellen besonders präsent und wurden befördert. Die Folgen waren verheerend: Irritation und Zynismus bei den Mitarbeitenden einerseits und andererseits Führungskräfte, die den Herausforderungen in Phasen starker Veränderung und existenzieller Krisen nicht gewachsen waren.

»Hauptsache, das Gehalt stimmt und Tiefgaragenplatz und Firmenwagen sind safe«, so lästerten die Mitarbeitenden. Ich konnte kaum fassen, wie viel Energie damals verloren ging. Dazu kam, dass ich mit der Führungskultur hin und wieder haderte und nicht immer sicher war, wie ich im Rahmen meiner Verantwortung führen und leiten sollte. Dieses Thema bewegte und beschäftigte mich und sollte mich nicht mehr loslassen. Die wirklichen Hintergründe habe ich erst Jahre später, mit viel mehr Erfahrung und Know-how im Gepäck erfassen können.

Vorher musste ich erst einmal meine eigenen Fehler machen. Ich beschloss, den Konzern zu verlassen – unter anderem aus den beschriebenen Gründen. Die beiden Wunschpositionen, auf die ich mich beworben hatte, bekam ich nicht. Bei der einen hatte ich schon in meiner Bewerbung vortrefflich das Thema verfehlt. Bei der anderen ging ich naiv und schlecht vorbereitet in das Auswahlverfahren. Zufälligerweise kannte ich die Kandidaten, die die Positionen bekamen. Aus meiner Sicht kein *Perfect Match.* Aber das war kein Beinbruch. Ich hatte schließlich recht schnell die Zusage einer erfolgreichen Unternehmensberatung. Aber ich hatte mich zu früh in Sicherheit gewähnt und kam vom leichten Regen in schwersten Sturm. Die schlimmste Zeit meines beruflichen Lebens begann. Der Erfolg dieser Firma gehörte der Vergangenheit an. Die Kultur der Firma ging komplett an meiner Persönlichkeit und meinem Wertesystem vorbei. Das Führungsverständnis war aus der Steinzeit, der Inhaber cholerisch. Ich hätte nicht weniger in dieses Unternehmen passen können. Ich konnte nicht fassen, worin ich da hineingeraten war. Jeder Tag war eine Qual. Ich machte mir größte Vorwürfe: Hätte ich nicht besser hinsehen, bessere Fragen stellen und den *Cultural Fit* prüfen müssen? Hatte ich aber nicht. Das Angebot war zu verlockend gewesen. Das Lehrgeld war hoch: Das Gehalt blieb aus, die Altersvorsorge wurde nicht ordnungsgemäß bedient, meine Gesundheit nahm Schaden. Dann die Insolvenz des Unternehmens.

Auch dieses Thema hat mich seither nicht mehr losgelassen. Inzwischen ist mir klar: In jeder Karriere, bei jedem nächsten Schritt, bei jedem Auswahlverfahren MUSS jeder sich einige wesentliche Fragen stellen: Passt dieses Unternehmen /

diese Position zu mir? Kann ich in diesem Umfeld wachsen und gedeihen? Kann ich hier als Führungskraft wirksam führen? Das ist die Voraussetzung für echten, gesunden Erfolg in Karriere und Leben. Und für echten, gesunden Führungserfolg.

Noch nie waren die Möglichkeiten, das eigene Leben und die Traumkarriere individuell zu gestalten, so vielfältig und groß. Theoretisch. In diesem Irrgarten der Möglichkeiten entsteht schnell der Wunsch nach einfachen und schnellen Standardlösungen. Allerorten wird suggeriert, dass Karriere und Erfolg als Führungskraft im Grunde leicht sind. Wenn man sich nur an bestimmte Erfolgsrezepte hält.

Führungsstile, Managementmethoden, Kommunikations- und Führungswerkzeuge sowie die besten Karrieretipps werden ausgetauscht und dennoch sind viele unzufrieden und kämpfen ständig mit der inneren Kündigung. Wir alle kennen die regelmäßigen Ergebnisse der Gallup-Studien. Den Führungskräften selbst ergeht es ähnlich. Sie haben das Gefühl, eher Spielball der Wellen zu sein als eine wirksame, erfolgreiche Führungskraft, die den Karriereweg geht, der zu ihr passt und die Entwicklung beschreibt, die für die betreffende Person folgerichtig ist.

Vergessen wird dabei häufig, dass die Persönlichkeit und die Kernkompetenzen mit dem Erfolg einer Führungskraft untrennbar verbunden sind. Ob jemand eine Position erfolgreich ausfüllen kann, hängt davon ab, ob es den *Perfect Fit* zwischen der Person und Position sowie dem Unternehmen gibt. Es ist ein Irrtum, dass grundsätzlich die Fachlichkeit bei der Auswahl von neuen Führungskräften im Vordergrund steht. Das ist lediglich bei den Positionen der Fall, die eine spezielle fachliche Expertise erfordern. Es geht vielmehr um den *Perfect Fit,* der auf den Säulen *Personal Fit, Cultural Fit* und *Role Fit* basiert.

Und das ist das, worauf professionelle Moderatoren, Entscheider und Beobachter in Auswahlverfahren genau achten. Das Erlernen von Techniken und antrainierten Verhaltensweisen, die nach eigener Einschätzung erwartet und sozial erwünscht sind, reicht nicht für das Bestehen von Führungsassessments. Es reicht auch bei Weitem nicht aus, um anspruchsvolle Positionen erfolgreich und erfüllt auszufüllen!

Überzeugte und begeisterte Entscheider in Auswahlverfahren erlebe ich dann, wenn ein Kandidat den Eindruck hinterlässt, dass er sich mit seiner eigenen Persönlichkeit auseinandergesetzt und für sich selbst eine unverbrüchliche innere Haltung als wirksame Führungsperson entwickelt hat.

Vor allem aber sollte jede Person, die sich neu orientiert, auf den *Perfect Fit* achten! Eine Fehlbesetzung kostet ein Unternehmen Geld und ist ein wenig peinlich für die Entscheider. Aber was kostet es dich, wenn du eine Fehlentscheidung fällst, die vermeidbar gewesen wäre? Es kostet dich möglicherweise Selbstwertgefühl. Ganz sicher aber kostet es dich Lebenszeit, Lebensqualität und Energie. Vielleicht sogar deine Karriere.

Heute ist es mir als Beraterin und Coach ein Herzensanliegen, diese Fehlentscheidungen auf beiden Seiten zu verhindern – auf der Corporate-Seite *und* auf der Seite der engagierten Führungskräfte. Es sind zwei Seiten derselben Medaille.

Für wen ist dieses Buch?

In diesem Buch geht es um dich als Führungskraft. Wenn du deinen nächsten Karriereschritt nicht irgendwie gehen möchtest, sondern dir eine Position wünschst, die zu dir passt, dich für deine Entwicklung zur Führungspersönlichkeit wappnen und die entsprechenden Auswahlverfahren erfolgreich meistern möchtest – dann ist dieses Buch für dich. Es hilft dir dabei, diese Ziele zu erreichen.

Ein solches Buch hätte ich mir damals gewünscht: als fundierten Leitfaden, der mir den Weg zeigt, ausgehend von meinem klaren persönlichen Profil über erfolgreiche Auswahlverfahren zu einer Position, die zu mir passt. Der mich anleitet und führt. Es hätte mir Frustration, Versagensängste, Umwege, Fehlentscheidungen, Krankheit und finanzielle Verluste erspart.

Wenn dieses Buch Menschen hilft, all das zu vermeiden und den Job zu finden, in dem sie sich lebendig fühlen, bin ich mehr als glücklich.

Wie ist dieses Buch?

Das Geheimnis einer guten Vorbereitung auf Assessments und Jobinterviews liegt jenseits von cleveren Antworttechniken oder dem fokussierten Training von Assessment-Aufgaben.

Ich halte es für ineffektiv, sich zu sehr auf konkrete Aufgabentypen zu konzentrieren. Aus dieser Zeit lässt sich viel mehr machen. Wie viel schöner wäre es, sich so vorzubereiten, dass ein Gewinn für alle Lebensbereiche und für deine Führungspraxis entsteht?

Das Ziel von Auswahlverfahren ist nicht, den nächsten Job oder den »perfekten« Job zu finden. Es geht darum, den Job zu finden, in dem du erfolgreich und wirksam führen und dich lebendig fühlen kannst. Viele übersehen die Bedeutung ihrer eigenen Person, ihrer Einzigartigkeit und versäumen es, aus sich selbst heraus ein Verständnis für die eigene Persönlichkeit, die eigene Karriere und das ganz eigene Führungsverhalten zu entwickeln.

Diese Lücken schließt mein Buch. Es spannt den Bogen von der Persönlichkeit sowie den individuellen Karrierewünschen und -zielen zum einzigartigen Profil als Führungskraft. »Walk in your shoes« ist der Leitsatz, den ich seit Jahren meinen Kunden versuche mitzugeben. Positioniere dich in deiner Karriere, deiner Führungsrolle sowie in Gesprächen und Assessments kraft deiner Persönlichkeit und deiner Einzigartigkeit. Mach es einfach ein wenig anders. Gar nicht so einfach, aber möglich!

Wer seine Karriere selbst aktiv steuern und andere von sich als Führungspersönlichkeit überzeugen möchte, benötigt eine Grundfitness bezüglich Karriere und Führung. Es ist wie beim Sport oder in der Musik: Wer das Beste aus sich herausholen, sich entwickeln möchte, benötigt Fertigkeiten und Ausdauer, die als selbstverständlich vorausgesetzt werden. Das bezeichne ich als Grundfitness. Diese Grundfitness macht den großen Teil des Erfolges für eine anstehende berufliche Veränderung aus. Erst dann entfaltet die Vorbereitung auf ein anstehendes Bewerbungsverfahren ihre besondere Wirkung. Das Gleiche gilt für Führung. Führung beginnt bei dir. Führung von heute, aber besonders von morgen ist eine Haltung und ein Anliegen. Führung als Status- und Prestigesymbol ist von gestern.

www.kerstinharney.de/fit-fuer-karriere-online

Deswegen gliedert sich dieses Buch in drei Meilensteine:

I. Fit für Karriere
II. Fit für Führung
III. Fit für Auswahlverfahren

Grundsätzlich ist es empfehlenswert, dieses Buch in dieser Reihenfolge durchzuarbeiten. Die ersten beiden Meilensteine bilden das Fundament. Wer diesem Weg folgt, findet für jeden Schritt Impulse. Die Reise beginnt mit Selbsterkundung und Selbstausrichtung. Mit dem neu gewonnenen Bewusstsein von der eigenen Einzigartigkeit und dem Wissen über die persönlichen Ziele können Führungskräfte mit geschärftem Profil und klarer Vision ihre Karriere und ihr Leben auf Erfolgskurs bringen. Abgerundet werden diese Erkenntnisse durch die Klarheit, wie Auswahlverfahren und Jobinterviews heutzutage gestrickt werden und auf welche

Aufgabenformate man sich als Bewerber einstellen sollte.

Du kannst dir aber auch quer durch das Buch einfach einen Überblick verschaffen oder dich mit bestimmten Themen beschäftigen. Jedes Kapitel spricht für sich. Die einzelnen Kapitel habe ich durch komprimierte »Kurzimpulse«, Zitate und Buchempfehlungen ergänzt. Am Ende eines jeden Kapitels findest du ein kurzes »Nimm's mit«. Es ist leicht möglich, beim Kaffee oder einem Glas Wein den ein oder anderen Impuls aufzunehmen. Das vorliegende Buch ist kein hochkomplexes Fachbuch, durchzogen mit Fußnoten und Quellenangaben, es ist die Essenz aus meinen persönlichen Erlebnissen, beruflichen Erkenntnissen und Erfahrungen als Beraterin für Unternehmen und für Einzelpersonen, die sich mir anvertraut haben. Ich möchte teilen, was mir klar geworden ist über innere Karrieren, die glücklich machen, Führung, die wirksam ist, und authentische, souveräne Führungskräfte, die sich auf ihrem Karriereweg als großartige Persönlichkeiten entpuppen.

Es ist auch ein persönliches Buch, die eine oder andere Passage darin erlaubt einen tiefen Einblick in meine innere Welt. Deshalb erscheint es mir stimmig, als Ansprache das persönliche »Du« zu verwenden. Ich bitte dafür um Nachsicht.

Am meisten wirst du aus diesem Buch für dich herausziehen, wenn du dir in dem Buch Notizen machst und parallel den exklusiven Online-Bereich zum Buch nutzt. Du findest dort Übungen zu den einzelnen Meilensteinen. Außerdem verwende ich diesen Bereich für Aktualisierungen und Ergänzungen. Es lohnt sich also, immer wieder dort vorbeizuschauen.

Besondere Freude hat mir bereitet, für dieses Buch mit vier großartigen, erfahrenen Persönlichkeiten über Führung, Karriere und Mitarbeiterauswahl zu sprechen.

Dr. Ronald Franke hat sich mit mir intensiv über Persönlichkeits--modelle, speziell die Big Five, die wesentlichen Unterschiede und deren seriöse Anwendbarkeit im Recruiting, sowie für Führung und Karriere, unterhalten. ***Martin von Hirschhausen*** hat mir Einblicke in seine Erfahrungen als Führungskraft und seinen Karriereweg gegeben. ***Jessica Lackner*** und ich haben uns ausgetauscht über Führung, Wollen und Können, den vermeintlichen Fachkräftemangel und was man dagegen tun kann. Mit ***Kathrin Jeglejewski*** habe ich über Jobliebe diskutiert und ob es tatsächlich möglich ist, *den* Job zu finden. Als ehemalige Recruiterin erläutert sie, wie man typische Fehler in Vorstellungsgesprächen vermeidet und gibt Tipps, wie es besser geht.

Wer ist eigentlich Ben?

Im ersten Kapitel wirst du Ben kennenlernen. Es handelt sich bei Ben um eine fiktive Person, für die es mehrere Role Models gibt, denen ich die Figur Ben bereits vorgestellt habe. Alle Ähnlichkeiten mit echten, lebenden Personen sind rein zufällig.

Was mir besonders wichtig ist!

Es ist mir sehr wichtig, dass sich Frauen, Diverse und Männer gleichermaßen in diesem Buch angesprochen und eingeschlossen fühlen. Das Thema Diversität ist umfassend und bedeutend und sollte in den Unternehmen und für jeden von uns viel selbstverständlicher sein. Dieses bräuchte ein eigenes Buch. Ich habe hier um der leichteren Lesbarkeit willen auf *in und :innen verzichtet und möglichst neutrale Formen genutzt.

Auch ist mir wichtig, dich mit diesem Buch zu ermuntern und zu bestärken, dir etwas zuzutrauen. Trau dir zu, dass du kraft deiner Persönlichkeit eine erfolgreiche Führungskraft sein kannst, deren Pläne, Wünsche und Erwartungen an das Leben und an den Job in Erfüllung gehen. Erlaube dir, kraft deiner Persönlichkeit und deiner Einzigartigkeit authentisch, souverän und erfolgreich zu sein. Im positivsten Sinne.

Ich wünsche dir viel Spaß beim Lesen und beim Fitnesstraining für deine Karriere, deine Führungsaufgaben und speziell für die Auswahlverfahren, die dich dahin bringen sollen, wohin du möchtest. Mit einer großen Portion Selbst|Bewusstsein und Leichtigkeit. Nimm das Leben nicht zu schwer. Manche Krise hat sich schon als große Chance entpuppt.

Deine

Kerstin Harney

www.kerstinharney.de/fit-fuer-karriere-online

1. FIT FÜR DEINE KARRIERE

Früher hat man sich in der Karriere eher Schritt für Schritt die Karriereleiter hochgearbeitet. Dazu brauchte es den richtigen Vorgesetzten und einfach ein wenig Glück, um zur richtigen Zeit am richtigen Ort zu sein. Wer heute Karriere machen möchte, benötigt bestimmte Fähigkeiten, Klarheit über die eigene Person und die persönlichen Ziele, eine Karriere-Grundfitness, um in entscheidenden Momenten Chancen erkennen und ergreifen zu können. In diesem Teil des Buches kommst du dir selbst auf die Spur. Der Grundstein für Karriere, Führung und die nächsten Karriereschritte sind Selbstbewusstsein, innere Klarheit und Stabilität. Karriere braucht eine Haltung. Deine Haltung.

Eine Möglichkeit ist es, eine extrinsisch motivierte Karrierehaltung einzunehmen. Dann bedient man sich typischer Karriereerfolgsmuster und passt sich an. Das kann ausgezeichnet funktionieren. Diese Haltung nützt aber denjenigen nichts, die sich den Großteil ihres Lebens nicht verbiegen und eine gewisse Erfüllung und Freude mit ihrer Karriere empfinden möchten. Ihnen geht es eher um eine intrinsisch motivierte Karrierehaltung. Wie kann ich aus mir selbst heraus einen Karrierepfad einschlagen, der mir entspricht, und gleichzeitig vorbereitet sein, auf das, was kommt? Welche Skills helfen mir außerdem dabei, fit für die Zukunft zu sein und zu bleiben? Das sind Fragen, die Menschen, die aus sich selbst heraus Karriere machen möchten, beschäftigen.

Auf diese Reise zu dir selbst als Persönlichkeit begleitet dich der Meilenstein »Fit für deine Karriere«.

REVIEW!

Zukunft braucht Herkunft.

»Ich glaube, Ben weiß nicht, wer Ben ist«, schoss mir durch den Kopf. In mir tobte ein Sturm, den ich mir selbst nicht so recht erklären konnte. Ich ließ mir nichts anmerken. Das hätte unprofessionell gewirkt, meine Rolle an diesem Tag erforderte eine neutrale Haltung mit Teflon-Gesicht: im Hintergrund halten, nur nachhaken, wenn fachlich nötig, genau beobachten und zuhören. Das war mein Setting.

Ich war gebeten worden, breit angelegten, strukturierten Jobinterviews beizuwohnen. Es ging um eine Führungsposition in der zweiten Ebene eines Unternehmens mit rund 500 Mitarbeitenden. Beobachten und die Fähigkeiten in Führung und strategischem Denken einschätzen, waren meine Aufgaben.

Es ist schon einige Jahre her, aber ich erinnere mich, als wäre es gestern gewesen. Der Tag im Assessment-Center begann mit einem jungen Mann. Er hatte laut seinem CV schon einiges bewegt und brachte Führungserfahrung mit. Beeindruckend. Auf dem Papier war er ein perfekter Kandidat für die Position. Auf dem Foto wirkte er offen und sympathisch. Ich hoffte auf ein inspirierendes, rundes Interview mit dem Kandidaten, den ich hier Ben nenne.

> »Du bist das, was du selbst zu sein glaubst.«
>
> Paulo Coelho

Ben wirkte ein wenig nervös, aber offen und zugewandt, als er den Raum betrat. Doch schon bei der ersten Frage nach dem aufwärmenden Small Talk fiel er förmlich in sich zusammen und verlor den Faden.

»Mit welchen Erwartungen und Gedanken sind Sie heute in unser Gespräch gekommen?«, wandte sich der Personaler, der das Interview führte, an ihn.

Irritation, stottern, Bens Antwort war zäh. Wer sich mit seiner Bewerbung und seinen persönlichen Zielen auseinandergesetzt hat, kann hier in der Regel zügig und klar antworten. Wer zudem noch in der Lage ist, sich in der Antwort auf sein aktuelles Befinden und seine Situation zu beziehen, wirkt zugänglich und selbstbewusst. Das bezweckt der Interviewer mit dieser Einstiegsfrage. Und darauf achten die anwesenden Beobachter.

Wenn der Kandidat dann noch transportieren kann, dass er hofft, die Position zu bekommen –, sofern sich das Gespräch gut entwickelt und sie gemeinsam feststellen, dass man gut zueinander passt, – kann das ein großartiger Gesprächseinstieg sein. Der Raum für ein konstruktives Gespräch ist damit geöffnet.

Bens Antwort »Hm, na ja, ich möchte den nächsten Schritt machen. Alles, was in der Ausschreibung steht, passt gut zu mir«, lässt all das nicht erkennen.

Der Interviewer war flexibel. Er hakte dort ein und fragte, was denn gut zu ihm passe. Die Antworten sprudelten nur so aus Ben heraus. Er zählte auf, welche Projekte er bereits erfolgreich abgeschlossen hatte und betonte, wie gut diese Projekte zu der ausgeschriebenen Position passten. Es war, als wäre plötzlich eine andere Person im Raum. Strahlend, begeistert, wortgewandt und motiviert wirkte er. Ich hörte ihm interessiert zu.

Die nächste Frage folgte: »Was zeichnet Sie als Persönlichkeit aus, dass Sie diese Erfolge mit Ihren Projektteams feiern konnten?«

»Irritation«. Bens Antwort kam wieder stotternd und zäh. Er sackte wieder in sich zusammen. Die strahlende, begeisterte, wortgewandte Person war verschwunden. Zurückgeblieben war eine andere Person. Was war geschehen? So hatte ich das noch nie erlebt. Zugegeben, die Frage war komplex. Aber dennoch … die Erkenntnis traf mich wie der Blitz: Hier hatten wir jemanden vor uns, der *könnte* die ausgeschriebene Position ausfüllen. Theoretisch. Aber faktisch würde er sie nicht ausfüllen können. Das Potenzial war eindeutig da. Doch Ben würde sich nicht behaupten können. Die Auseinandersetzung mit sich und seinen Rollen hatte nie stattgefunden. Genauso wenig wie die Auseinandersetzung mit den Anforderungen von Auswahlgesprächen. Wie soll eine Führungskraft andere durch unbekanntes Terrain führen, wenn sie sich mit sich und ihrer Rolle nicht auseinandergesetzt hat? Das ist schlicht und ergreifend nicht möglich!

Ben war jemand mit Ambitionen, den besten Absichten und reichlich Potenzial. Aber er war einfach nicht fit. Weder für die angestrebte Karriere noch für Führung – und schon gar nicht für dieses Auswahlverfahren.

Versteh mich bitte nicht falsch! Bens Schlüssel zum Erfolg wäre nicht das Erlernen von Techniken für dieses konkrete Jobinterview gewesen. Er war insgesamt nicht gut vorbereitet auf den Dauerlauf Karriere. Dafür braucht es eine gewisse Grundfitness. Die fehlte ihm.

Ben bekam den Job nicht. Das Unternehmen und er wären gemeinsam nicht glücklich geworden. Die Tragik an dieser Geschichte ist, dass er »eigentlich« das Zeug dazu gehabt hätte. Es ist jemand an ihm vorbeigezogen, der aus meiner Sicht weniger Potenzial mitbrachte. Sowohl für die fachlichen Themen als auch für gute Führung. Aber Ben hatte sein Potenzial nicht deutlich gezeigt.

Die Kraft der Potenziale

Heben wir unsere verborgenen Potenziale nicht, bleiben Entwicklungsmöglichkeiten und Chancen ungenutzt. Das geht vielen Menschen so. Potenziale zu entdecken und zu heben, erfordert Zeit und Mühe. Es ist einfach bequemer, das zu tun, was man immer schon getan hat. Das war es für Ben auch. Bis zu diesem Tag. Dieses Interview und die anschließende Rückmeldung waren ganz und gar nicht bequem für ihn. Wir konnten ihm das deutlich ansehen. Eine Palette von Emotionen spiegelte sich während des Feedbackgesprächs in seinem Gesicht wider.

Jeder entscheidet für sich selbst, ob nicht noch mehr drin ist für das eigene Leben. Wenn du dich auf den Weg machst, dich fit für Karriere und Führung zu machen und dich auf ein neues Niveau heben möchtest, fang bei dir an. Es geht darum, dir klar darüber zu werden, was dich ausmacht –, wer du bist, was du kannst und wie du tickst. Und zu dir zu stehen und deinen Weg zu gehen.

Die Kraft der Klarheit

Diese Klarheit und Selbstgewissheit lassen dich zwangsläufig sicher und souverän wirken. Wenn Ben diese Klarheit gehabt hätte, wären ihm die Antworten auf die ersten Fragen des Interviews leichtgefallen. *Ohne sie auswendig zu lernen oder sich konkret darauf vorbereiten zu müssen.* Das würde keinen Sinn ergeben. Ben wollte Führungskraft in der zweiten Ebene werden. Herausfordernden Fragen begegnen Führungskräften ständig. Eine Führungspersönlichkeit sollte damit umgehen können, ohne sich zu stressen oder zu verbiegen.

Du fragst dich jetzt, ob es eine ideale Persönlichkeit für Führungskräfte gibt? Nein, es gibt nicht *die* ideale Kombination aus Charaktereigenschaften, Persönlichkeitsmerkmalen und Auftreten. Es geht darum, das Beste aus dir herauszuholen. Das ist individuell.

Und das Beste daran ist: Es ist schon da.

Stephen R. Covey sagt dazu: »Charakter – was wir sind – ist am Ende wichtiger als Kompetenz – was wir können.«

Viele Fähigkeiten sind erlernbar. Aber das Bewusstsein über die eigene Persönlichkeit und den Charakter ist der Schlüssel zu einem erfolgreichen Weg! Je klarer du dir über deine Persönlichkeit bist, desto mehr Selbstwirksamkeit gibt sie dir. Sie macht dich echt, authentisch und von innen heraus sicher, besonders in Verbindung mit der Klarheit über deine Kompetenzen, Werte und Motive. Das spüren andere Menschen. Diese Klarheit wäre auch für Ben ein Gamechanger gewesen.

Einfacher gesagt als getan? Ich empfehle dir, dich erst einmal deiner Persönlichkeit zu nähern. Das Big Five-Modell hilft dabei, Persönlichkeiten zu entschlüsseln. Es basiert auf fünf zentralen Charaktereigenschaften, die jeder Mensch in einer Ausprägung hat. Es wurde bereits in den 1930er-Jahren entwickelt, ist das meistuntersuchte Persönlichkeitsmodell und gilt bis heute als Grundlage für die moderne Persönlichkeitsforschung.

> *Wenn du weißt, wer du bist, kannst du erfolgreich sein.*

Der Impuls zu dem Big Five-Modell auf der nächsten Seite hilft dir bei einer ersten Orientierung. Nimm dir ein paar Minuten Zeit, denke über dich nach und schätze dich zu den einzelnen Merkmalen ein.

Ich habe aus den Big Five wichtige Erkenntnisse für mich herausziehen können. Allein die bewusste Klarheit darüber, wie facettenreich ich als Persönlichkeit bin, hat mich ein paar Zentimeter wachsen lassen. Dieses Wissen für meine Arbeit und in der Kommunikation mit Menschen zu reflektieren, hat sich als unbezahlbar erwiesen.

Der Erfolg folgt, wenn du dir folgst

Rückblickend ist mir klar, dass ich ohne die Höhen und Tiefen meines beruflichen Werdegangs und diesen speziellen Tag, an dem ich Ben traf, nicht dort stehen würde, wo ich heute stehe. Dieser Tag hat mich aufgewühlt und mir zu denken gegeben. Es war, als würde ich das, wofür ich als Beraterin und Coach angetreten war, durch ein Fernglas sehen – herangezoomt und geschärft.

An dem Abend dieses Interviewtages flogen mir Millionen von Gedanken durch den Kopf. Sie lagen zwar schon lange zurück, aber ich fühlte mich sehr stark an meine eigenen letzten Bewerbungsrunden erinnert. Ich dachte an das Auswahlverfahren für meinen Wunschjob, das ich höchstpersönlich und vollkommen unnötig vor die Wand gefahren hatte. Und an die Bewerbung, die mich direkt in ein insolventes Unternehmen geführt hatte. Und an das, was ich hätte besser machen können. Hätte besser machen müssen!

Ich reflektierte intensiv, wie ich meine Kunden – sowohl die Menschen, die mit persönlichen Anliegen zu mir kommen als auch die Unternehmen, die ich unterstützte – noch wirksamer fit machen könnte für die Zukunft. Für ihre Zukunft. Eins ist klar: Entwicklung erfolgt niemals gradlinig oder nach einem Blueprint. Nachhaltige Entwicklung funktioniert von innen nach außen.

Eine Führungskarriere gestalten, die zu dir passt, um auch in Phasen der Veränderung authentisch, souverän und erfolgreich agieren zu können, beginnt bei dir.

NIMM'S MIT

> »Charakter – was wir sind – ist am Ende wichtiger als Kompetenz – was wir können.«
>
> Stephen R. Covey

Verabschiede dich von dem Gedanken, dass es reicht, sich mit den beruflichen Stationen und fachlichen Kompetenzen auseinanderzusetzen. Wenn du einen grandiosen Job als Führungskraft haben und machen willst, benötigst du ein starkes Fundament. Deine Persönlichkeit. Nimm dir immer wieder Zeit zu reflektieren, wer du bist und wie du tickst. Persönlichkeitstests helfen dir, dich aus verschiedenen Perspektiven zu sehen und dich selbst zu beurteilen. Interessant wird es, wenn die Ergebnisse eines Tests deiner Selbstwahrnehmung widersprechen. Das führt zu einer konstruktiven Auseinandersetzung mit dir selbst. Denn: Je besser du dich kennst, desto leichter erkennst du, welcher Karriereweg und welche Position zu dir passen.

LIES MAL WIEDER!

Stephen R. Covey gilt als einer der wichtigsten Management-Vordenker unserer Zeit.

Seine Bücher lesen sich wie ein persönliches Gespräch mit ihm, sind voll von seinen Gedanken, Erlebnissen und Erfahrungen. »Die 7 Wege zur Effektivität« beschreiben Prinzipien für den persönlichen und beruflichen Erfolg. Er geht davon aus, dass Erfolg nicht durch Techniken erlernt werden kann, sondern auf Charakter, Kompetenz und Vertrauen beruht. Er setzt Erfolg und Erfüllung in einen Kontext.

Die oben zitierten Worte von ihm stammen aus seinem Buch »Die 12 Gründe des Gelingens: oder das Geheimnis wahrer Größe (Dein Erfolg)«. Du findest sie dort auf S. 35. Das Buch enthält Essays von Stephen R. Covey, die erst nach seinem Tod veröffentlicht wurden.

KURZIMPULS

Das Big Five-Modell nach dem LINC Personality Profiler.

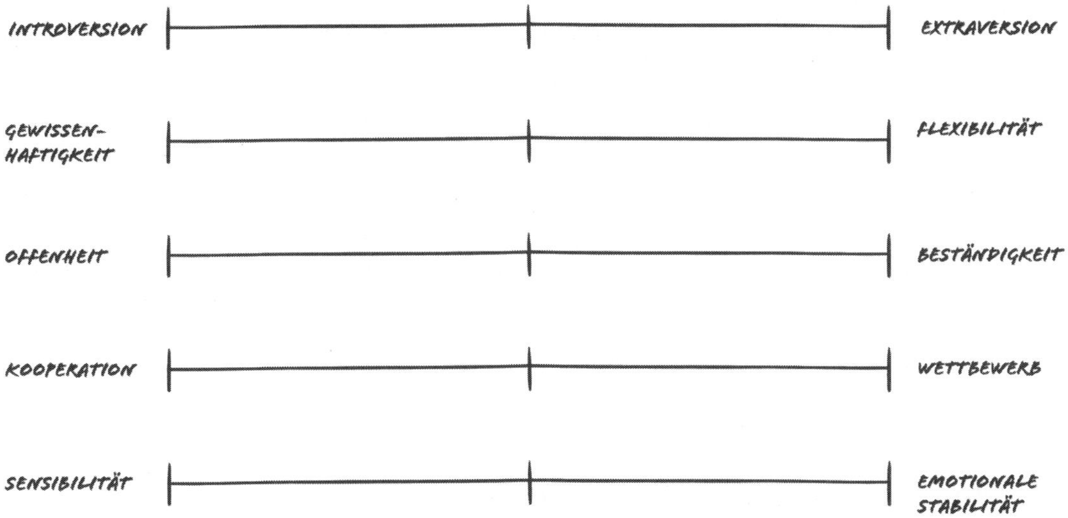

Die Charaktereigenschaften bestimmen, wie wir uns verhalten und unser Leben führen, …

KURZIMPULS

Werte

Der Wertebegriff ist in aller Munde. Was macht Werte so wertvoll? Werte helfen uns bei der Be*WERT*ung, geben uns Orientierung und Leitplanken. Sie beeinflussen, was wir für richtig und erstrebenswert halten. Sie steuern unsere Erwartungen und spiegeln sich in Ansichten wider. Letztlich münden sie in Handlungen und Ritualen. Und genau das ist der Grund, warum die Auseinandersetzung mit den eigenen Werten für Karriere und Führung essenziell ist. Werte wirken auch dann, wenn sie nicht ausdrücklich kommuniziert werden.

Sie äußern sich in gewünschten und unerwünschten Verhaltensweisen. Werte sind häufig der Grund für Kündigungen oder neue Karrierewege. Das schlechte Gefühl im Bauch, die Emotionen, die aufsteigen, führen zu dem Wunsch, eine Entscheidung zu treffen, die sich gut anfühlt. Eine stimmige Entscheidung.

Werte verändern sich im Laufe der Zeit und können sich weiterentwickeln. Werte sind die Basis für Sinn! Was unsere Werte erfüllt, können wir als sinnstiftend empfinden. Werte docken an unsere Motive an.

Mit den folgenden Fragen kommst du deinen Werten auf die Spur:

- Welches Verhalten bei anderen verärgert dich? Warum?
- Was ist dir wichtig, wenn du mit anderen Menschen kommunizierst?
- Was haben deine Mitschüler in der Schule getan, was du niemals getan hättest? Warum?
- Was ist dir im Umgang mit deiner besten Freundin / deinem besten Freund wichtig? Warum?
- Wie möchtest du, dass deine Vorgesetzten / Mitarbeitenden / Freunde / Nachbarn / Kunden mit dir umgehen? Warum?

KURZIMPULS

Motive

Motive sind im Laufe eines Lebens deutlich weniger dynamisch als Werte. Je weniger du mit deinen Motiven im Einklang stehst, desto stärker ist dein alltäglicher innerer Kampf. Motive sind der Antrieb. Es geht hier um das WOLLEN. Was streben wir im Leben an? In welche Richtung soll es gehen?

Die eigenen Motive zu kennen, ist eine wichtige Voraussetzung, um die eigene Karriere zu steuern und andere wirksam zu führen. Die goldene Motivregel: Je erfüllter die eigenen Motive sind, desto leistungsfähiger und glücklicher ist man. Das gilt für dich wie für deine Mitarbeitenden.

Nach dem amerikanischen Verhaltenspsychologen David McClelland gibt es – wissenschaftlich gut gestützt – drei Basismotivgruppen:

1. Beziehung – Bindung, Kommunikation, Kooperation
2. Leistung – Erfolg haben und anspruchsvolle Ziele erreichen
3. Einfluss/Macht – Einfluss über andere gewinnen – Status und Prestige

Welches Motiv treibt dich an, das zu tun, was du tust?

Ein Stau, ein verpasster Zug und Kaffeedurst an einem großen deutschen Hauptbahnhof führten ein paar Wochen nach dem Führungsassessment zu meiner zweiten Begegnung mit Ben.

Es interessierte mich brennend, wie es für ihn weitergegangen war. Wir kamen schnell ins Gespräch. Ben hatte das Interview und das anschließende Feedback für sich als persönliche Niederlage verbucht. Er verstand die Welt nicht mehr. Sein Lebenslauf hatte zu der Position gepasst. Dass er die Stelle nicht bekommen hatte, setzte einer persönlichen Krise, die sein Arbeitgeber durch einige Entscheidungen ausgelöst hatte, die Krone auf. Er fühlte sich nicht gesehen, gehört und verstanden. Er wollte sich sortieren, stabilisieren und neu aufstellen.

Ich dachte an Bens Interview zurück. Die Entscheidung war am Ende zugunsten eines Kandidaten gefallen, der nach meiner Einschätzung eher weniger Entwicklungspotenzial in sich trug als Ben. Dennoch – eine richtige und fundierte Entscheidung zu diesem Zeitpunkt. Das konnte ich Ben nicht erzählen. Ich spürte, dass er sich im Kreis drehen würde, wenn er seine »Ich verstehe die Welt nicht mehr«-Haltung nicht hinter sich lassen würde.

Ich fragte Ben, was er denn konkret so gut könne, dass er »eigentlich« die Position hätte ausfüllen können. Er zählte mir wie aus der Pistole geschossen auf, welche Kompetenzen er im Studium und durch Weiterbildung erworben und welche Fähigkeiten er sich im Job angeeignet hatte.

Gut, das war beeindruckend. Aber nicht beeindruckend genug. Zeit, sich dem Thema mal ganz anders zu nähern.

Die Frage »Was kannst du?« zielt auf den ersten Blick auf die Kompetenzen. Auf den zweiten Blick geht es auch um Eigenschaften und Fähigkeiten sowie um Stärken und ferner um Schwächen. Aber Vorsicht! Die Betrachtung von Stärken und Schwächen ist nicht differenziert genug. *Denn*: Beim nächsten Karriereschritt geht es nicht darum, irgendeine Position zu bekommen. Es geht darum, die *passende* Position zu bekommen – passend zur Persönlichkeit, zur bisherigen Entwicklung und zu den persönlichen Träumen und Wünschen. Nur so ist es möglich, eine Position erfüllt auszufüllen. Das braucht eine spezielle Herangehensweise.

Gib der Frage »Was kannst du?« einen kleinen Twist: Was kannst du richtig gut und machst es zugleich gerne? Ich sehe förmlich die Fragezeichen in deinen Augen. Auch Bens Augen waren voller Fragezeichen.

Deine wahren Stärken

Vieles von dem, was du tagtäglich tust, hast du dir aneignen müssen, um alle Anforderungen zu bewältigen. Nicht alles davon macht dir Freude, entzieht dir aber Energie. Das ist der Unterschied zu deinen wahren Stärken. Die Ausübung deiner Stärken fällt dir so leicht***, dass du sie vielleicht nicht als Stärken wahrnimmst:*** »Das kann doch jeder, das ist doch nichts Besonderes.« Ach ja?

Es ist wichtig, dass du deine »Gerne-Stärken« von deinen »Nicht-gerne-Stärken« trennst. In jedem Job gibt es Aufgaben, die Tätigkeiten und damit Fähigkeiten erfordern, die wenig Freude bereiten. Ich hasse es zum Beispiel, Präsentationen in Power-Point »schön« zu machen. Ich kann es. Aber ich mag es nicht. Würden 80 Prozent meines Tages aus dem Erstellen von Präsentationen bestehen, wäre ich sehr unglücklich in meinem Job.

Dein Lebenslauf – mal etwas dynamischer

Es gibt mehrere Möglichkeiten, sich diesen wahren Stärken zu nähern, zum Beispiel über deinen Werdegang. Ein ausführlicher, langer Lebenslauf mit jeder einzelnen Station, allen Tätigkeiten, Verantwortlichkeiten und Funktionen ist die Basis.

Achtung: Dieser Lebenslauf ist nicht für die Öffentlichkeit gedacht. Er ist nur für dich!

Nimm dir jede einzelne Station vor und qualifiziere sie anhand folgender Fragen:

»Welche Fähigkeiten, Kompetenzen und Eigenschaften haben mich befähigt, die einzelnen Funktionen auszufüllen? Was hat mich befähigt, Erfolge zu feiern?« Denke dabei auch an scheinbar klitzekleine Fähigkeiten wie »Ich kann genau zuhören« oder »Ich verstehe die Anliegen meiner Kollegen und Kunden zügig«. Deine Eigenschaften aus ***#1 - Wer bist du?*** helfen dir dabei.

Leider ist der Blick auf uns selbst häufig unvollständig. Frage also unbedingt auch Menschen aus deinem Umfeld: »Was denken Sie / denkst du, kann ich besonders gut – vielleicht sogar besser als andere?«

Lege die Ergebnisse zur Seite, schlafe ein paar Nächte darüber und führe dann ein sehr intensives Selbstgespräch mit dir: »Was davon mache ich gerne? Was gibt mir Energie? Was macht mir keine Mühe?«

Das sind deine »Gerne-Stärken«. Was auch immer du beruflich tust – du solltest möglichst viele dieser Stärken einsetzen können.

Dein Erfahrungswissen ist Gold

Es ist eine ungeschriebene Regel, dass der ganz spezielle Wert eines neuen Mitarbeiters in seinem Erfahrungswissen liegt. »Wissen ist Erfahrung, alles andere ist Information«, soll Albert Einstein gesagt haben. Dein Erfahrungswissen macht den Unterschied. Es ist für die Firmen bedeutender als all das Wissen, das du formal erworben hast. Erfahrungswissen kann gelernt, aber nicht gelehrt werden! Dennoch wird es häufig selbst von den Kandidaten, die schon einen beachtlichen Werdegang hinter sich haben, übersehen. Es ist Teil deines Lebens- und Berufswegs und macht dich mit deinen Eigenschaften, Fähigkeiten und deiner Persönlichkeit einzigartig.

Ben konnte in Bezug auf sein Erfahrungswissen Gold schürfen. Er bekam einen neuen Blick auf sich. Es war für ihn kein Problem, sich anbahnende Krisen in Projekten früher zu erkennen als andere. Die Verteidigung vor dem Lenkungsausschuss bereitete ihm keine schlaflosen Nächte. Genauso wenig wie Diskussionen mit dem Betriebsrat bei mitbestimmungspflichtigen Projektthemen. Hier trafen anscheinend echte Stärken auf gut verankerte Erfahrungen. Er fand das bislang nicht außergewöhnlich.

»Wie viele Menschen kennst du noch, die diese Herausforderungen mit Leichtigkeit bewältigen?«, fragte ich ihn. Ihm fiel niemand ein.

Schwächen

Es ist viel einfacher und effektiver, Stärken auszubauen. Keine Frage. Aber wer sich langfristig fit machen und halten will für die Karriere, kommt an seinen Schwächen nicht vorbei. Und zwar genau dann, wenn die Schwächen zum Risiko werden.

Ben berichtete mir davon, dass sein Englisch für seinen Job nicht gut genug sei. Aber ihm sei klar, dass gute Englischkenntnisse in seinem Job vorausgesetzt würden. Es war fahrlässig von Ben, sich nicht um seine Englischkenntnisse zu kümmern!

NIMM'S MIT

Kompetenzen zu erwerben, heißt noch nicht, etwas wirklich zu *können*. Können entsteht durch Training und Erfahrung. Erfahrung ist pures Wissen und dein Gold! Etwas zu können, heißt nicht gleichzeitig, etwas gerne zu machen. Um fit für die Karriere zu sein, solltest du genau wissen, was du kannst und was du weißt! Ein guter Match entsteht, wenn das Anforderungsprofil für deinen Job deine »Gerne-Stärken« umfasst.

> Karriere und Führung
> benötigen auch
> immer eine große Portion
> Ehrlichkeit
> mit sich selbst.

WAS BRINGT'S FÜRS AUSWAHLVERFAHREN?

Um herauszufinden, ob sich jemand für die zu besetzende Position eignet, geht es auch immer darum, ob mit diesen Erfahrungen und Kompetenzen die Herausforderungen der Zukunft bewältigt werden können. Auf welche deiner Stärken konntest du dich immer verlassen, sodass sie dich durch die Zukunft tragen werden? Welche deiner Kernkompetenzen sind so stark ausgeprägt, dass sie dir als Fundament für Herausforderungen und unbekanntes Terrain dienlich sein werden?

KURZIMPULS

CV – Passgenau & MERKwürdig

Ein sehr ausführlicher Lebenslauf ist nichts für Bewerbungen. Aber für dich ist er unabdingbar, denn er bildet eine Voraussetzung für Selbstklarheit. Er zahlt auf deine Fitness für Karriere und auf Auswahlverfahren ein. Du kannst *immer* darauf zurückgreifen, wenn du eine berufliche Veränderung planst.

Das Problem mit CVs ist, dass sie häufig langweilig und gewöhnlich sind. Sie treffen nicht den Nerv des Lesers.

Versuche es beim Verfassen mal mit einem kleinen gedanklichen Twist: ***Was macht dich wirklich stolz?*** Sind das die Stationen deines Lebenslaufs oder sind es echte Ergebnisse, die du erreicht hast? Nimm die Perspektive des Unternehmens ein: Was interessiert Unternehmen wirklich? Titel und Positionen? Oder eher die Resultate, die Beiträge zum Unternehmenserfolg, die du durch dein Wirken erzielen konntest? Wie transportierst du deine Persönlichkeit? Was löst ein »Habenwollen« aus, weil es zu den Anforderungen passt? Welche Fußabdrücke hast du bereits hinterlassen. *Das* interessiert den Leser deines CVs. Denn hier spiegelt sich das Erfahrungswissen, dein Gold, wider. Was wäre, wenn du in deinem nächsten CV mal diese Perspektive einnimmst und mit deinem CV einen echten Mehrwert bietest? Passgenau und MERKwürdig. Auch visuell.

INTERVIEW MIT

DR. RONALD FRANKE – LINC GMBH

Dr. Ronald Franke ist Gründer und Geschäftsführer der LINC GmbH. Die LINC GmbH ist eine Ausgründung der Leuphana Universität Lüneburg. LINC steht wie kein zweiter Anbieter in Deutschland für die wissenschaftliche Fundierung von Persönlichkeitstests und entsprechende Weiterbildungen. Wer als Trainer, Coach oder Berater mit professioneller, wissenschaftlich fundierter Persönlichkeitsdiagnostik und -entwicklung arbeiten möchte, kommt an LINC kaum vorbei. Genauso wie Unternehmen, die mit LINC ihre Personalauswahl sowie ihre Fach- und Führungskräfteentwicklung solide professionalisieren können. Der LINC Personality Profiler LPP bildet auf Basis des Big Five-Modells die Charaktereigenschaften eines Menschen ab und ergänzt diese um die Motive und die Kompetenzen. Damit entsteht ein ganzheitliches, rundes Bild der Persönlichkeit eines Menschen. Dr. Ronald Franke ist Wirtschaftspsychologe und über seine Geschäftsführertätigkeit hinaus bei der LINC GmbH als Berater, Trainer und Dozent tätig.

KERSTIN: Du bist eines der Gesichter, Gründer und Geschäftsführer von LINC. Was macht LINC – und was macht LINC so besonders?

RONALD: LINC ist eine Ausgründung aus der Universität in Lüneburg, der Leuphana. Wir sind seit 2015 als Unternehmen selbstständig und entwickeln Persönlichkeitstests.

Wir versuchen, eine Verbindung zwischen der psychologischen wissenschaftlichen Forschung und der Praxis, der Anwendung solcher Persönlichkeitstests, herzustellen. Wir möchten Instrumente entwickeln, die sowohl den Stand der Forschung in der Psychologie wiedergeben als auch für die Praxis leicht und einfach anwendbar sind. Das ist unsere Mission. Unter anderem haben wir den LINC Personality Profiler als Persönlichkeitstest entwickelt. Wir greifen möglichst auf die Modelle zurück, die in der Psychologie besonders relevant sind, und bilden etwa das Big Five-Modell als das Standardmodell der Psychologie und Persönlichkeit ab.

KERSTIN: So wie ich das verstanden habe, ist es genau das – die Verwendung der Big Five als Standardmodell –, was euch von vielen anderen Anbietern unterscheidet. Der Markt ist voll mit Persönlichkeitstests. Ist das Modell fundierter als andere?

RONALD: Absolut. Vielleicht muss man hier zwei Dinge unterscheiden: Du hast recht, dass der Markt voll ist mit Persönlichkeitstests. Er ist aber nicht unbedingt voll mit Persönlichkeitsmodellen. Vor allem nicht mit Modellen, die den Namen überhaupt verdienen. Man muss immer trennen zwischen einem Test und dem Modell von Persönlichkeit, auf dem dieser Test aufbaut, denn das sind zwei verschiedene Dinge. Wenn man über Fundierung spricht, dann geht es hauptsächlich um das Modell, auf dem ein Persönlichkeitstest aufbaut. Und wenn wir jetzt das Big Five-Modell als Beispiel nehmen, dann ist dieses das Standardmodell.

Im Prinzip nutzt jeder Wissenschaftler, jeder Forscher, der ein Projekt, eine Studie zum Thema Persönlichkeit umsetzen möchte, dieses Modell in der Psychologie. Im Psychologiestudium ist es das Modell, um Persönlichkeit abzubilden. Das liegt daran, dass es Tausende unabhängiger Studien gibt, die immer wieder zu dem Ergebnis gekommen sind, dass diese fünf Persönlichkeitsdimensionen die grundlegenden sind, um Persönlichkeit zu beschreiben. Und das ist der große Unterschied zu anderen Instrumenten, die in der Praxis benutzt werden.

Fundierung bedeutet, dass ein Modell sich in der wissenschaftlichen Gemeinde, also in der psychologischen Forschungsgemeinschaft, durchgesetzt hat. Menschen, die professionell mit Persönlichkeit arbeiten, greifen für ihre Forschungsprojekte auf solch ein Modell zurück. Und das ist im Prinzip nur das Big Five-Modell. Die ganzen anderen Modelle, die für praxisorientierte Persönlichkeitstests eingesetzt werden, wie die typenbasierten Instrumente, existieren in der Psychologie nicht. Diese Instrumente existieren ausschließlich in der Praxis, haben aber keinerlei echten Erkenntnismehrwert, wenn man aus der Perspektive der Psychologie draufschaut.

KERSTIN: In meiner Arbeit sehe ich mit dem LINC Personality Profiler zwei Anwendungsfelder. Ich halte es für wichtig, dass jemand versteht, wie er funktioniert, wie er tickt. Wenn ich meine Eigenschaften kenne, wenn ich weiß, was mich motiviert und welche Kompetenzen ich habe, kann ich entscheiden, in welchem Umfeld ich erfolgreich und erfüllt arbeiten kann. Das ist die eine Seite der Medaille in meiner Arbeit.

Die andere Seite der Medaille beschäftigt sich mit der Frage: Wie führe ich als Führungskraft wirksam? Das sind die beiden großen Mehrwerte der Instrumente von LINC für meine Arbeit, die ich sehe. Wofür würdest du den Profiler noch einsetzen, wenn du an meiner Stelle wärst?

RONALD: Neben diesen beiden Feldern, die du jetzt gerade genannt hast, würde ich ihn immer dann einsetzen, wenn es darum geht, dass du das Wissen, das du darüber gewonnen hast, wie du tickst, auch anwenden möchtest. Wenn du dich zum Beispiel fragst: Welcher Job ist denn der richtige für mich, wo geht mein weiterer Lebensweg hin? Das ganze Feld Karriere, Orientierung, Job, Auswahl – das ist ein sehr großes Thema.

Und dann geht es um alle beruflichen Themen, bei denen deine Persönlichkeit einen großen Einfluss darauf hat, wie erfolgreich du dort bist. Wenn es um Stress geht, um Umgang mit Druck in Zeiten großer Anspannung. Dann ist es auch hervorragend, mal draufzuschauen, welchen Einfluss eigentlich die eigene Persönlichkeit auf dieses Thema hat.

Dazu kommen alle anderen Situationen, in denen die eigene Persönlichkeit eine Rolle spielt. Ob das jetzt Konflikte im Unternehmen sind oder Veränderungen, mit denen ich umgehen muss, ob das Teams sind, in denen ich mich bewege, oder auch das ganze Team, das entwickelt werden möchte. Das sind alles Themen, in denen die Persönlichkeit das eigene Verhalten steuert und darüber wieder auch den Erfolg oder Misserfolg in diesen Situationen. Das heißt also, Persönlichkeit spielt fast überall dort eine Rolle, wo es um das berufliche Vorankommen geht. Natürlich kannst du den Profiler auch außerhalb des Jobs anwenden und private Themen besprechen. Das nennen wir dann ja eher Life Coaching. Immer wenn deine individuelle Persönlichkeit Einfluss darauf hat, ob etwas funktioniert oder nicht. Wie in Partnerschaften, wenn es um die Frage geht: Warum habe ich ständig Konflikte mit meiner Partnerin? Oder auch für Neuorientierung, Lebensphasen und wichtige Entscheidungen im Leben. Wie treffe ich diese Entscheidung? Was passt zu mir? Welche Alternative passt besser zu meiner Persönlichkeit und mir?

KERSTIN: Der LINC Personality Profiler wird auch im Recruiting eingesetzt. Was ist da der große Vorteil? Bewerber könnten auf den Gedanken kommen, hier würden Schubladen gebildet.

RONALD: Schubladen werden immer dann gebildet, wenn das Ergebnis eben kein Persönlichkeitsprofil ist, sondern ein Typ. Wenn das Ergebnis ein differenziertes Persönlichkeitsprofil ist, habe ich kein Schubladendenken. Was bei der Personalauswahl wirklich wichtig ist: Persönlichkeitstests sollten nie genutzt werden, um eine Vorauswahl zu treffen. Nehmen wir an, es bewerben sich relativ viele Menschen auf einen ausgeschriebenen Job. Ich lasse die alle diesen Persönlichkeitstest machen, und wer nicht das richtige Profil hat, wird aussortiert. Dafür ist die Arbeit mit Persönlichkeitstests nicht gedacht, weil diese immer eine Selbstauskunft darstellen. Persönlichkeitstests sind per se beeinflussbar. Ich weiß nicht, wer da vor dem Computer sitzt. Diese Person kann jede Persönlichkeit haben. Insofern ist die Idee des Einsatzes eines differenzierten und validen Persönlichkeitstest bei der Auswahl, den Kandidaten, die ich besser kennenlernen möchte, einen Persönlichkeitstest zu geben, um dann in dem Interview die Ergebnisse zu verifizieren. Ich lerne so die Person auf einer anderen Ebene kennen, als wenn ich nur auf den Lebenslauf zurückgreife und dazu Fragen stelle. Ich kann tiefer einsteigen. Ich frage die Ergebnisse, die ich vor mir habe und die mich interessieren, noch einmal genauer ab und vergleiche meine Wahrnehmung mit den Ergebnissen des Persönlichkeitstests. Wenn das kongruent ist, dann kann ich davon ausgehen, dass das auch ein valides Ergebnis ist, und ich kann damit weiterarbeiten. Aber diese Verifizierung muss stattfinden, denn alles andere wäre keine gute Praxis.

KERSTIN: Ich habe neulich mit jemandem diskutiert, ob es das Top Big Five-Profil für Führungskräfte gibt. Wir waren unterschiedlicher Ansicht. Wie siehst du das?

RONALD: Es gibt natürlich auch Studien zum Thema Führung und Big Five. Es gibt unter anderem Studien zu der Frage: Wie sieht klassischerweise das Profil von Führungskräften aus? Das ist ja ganz einfach. Ich gebe zum Beispiel tausend Führungskräften einen Big Five-Fragebogen und erhalte ein Profil, das von dem Profil der Normalbevölkerung abweicht. Ein klassisches Führungskräfte-Profil. Das heißt aber noch nicht, dass man so sein muss, um erfolgreich zu führen. Es heißt nur, dass Führungskräfte häufig solch ein Profil haben.

Wenn man dann schaut, was für ein Profil erfolgreiche Führungskräfte haben, wird das Ganze schon schwieriger, weil sich das sehr viel weniger verallgemeinern lässt. Aber es gibt bestimmte Persönlichkeitsmerkmale, die Führung leichter machen. Wenn jemand zum Beispiel extravertiert ist, dann hilft das zunächst, weil Führung ein sehr komplexer sozialer Prozess ist. Und bei einem so komplexen sozialen Prozess ist mehr Kommunikation in der Regel besser als wenig Kommunikation. Das kann man allgemein sagen. Deswegen sind bestimmte Facetten von Extraversion erst mal hilfreich, weil Extraversion eher verbunden ist mit einem Menschen, der eher nach außen orientiert ist, relativ viel kommuniziert und auch gerne mit anderen zusammen ist. Das hilft ganz grundsätzlich. Natürlich bedeutet das nicht, dass eine introvertierte Führungskraft nicht erfolgreich sein kann. Man kann nicht nur als introvertierte Führungskraft, sondern zum Beispiel auch als introvertierter Vertriebler unheimlich erfolgreich sein. Und bei einem Vertriebler ist Extraversion noch etwas hilfreicher.

Wenn man zum Beispiel einen Big Five-basierten Persönlichkeitstest nutzt und dann feststellt, dass eine angehende Führungskraft sehr introvertiert ist, ist es sinnvoll, mit ihr darüber zu sprechen. Wie willst du damit umgehen? Möchtest du zum Beispiel etwas mehr kommunizieren, als es eigentlich deiner Persönlichkeit entspricht? Möchtest du deinen Mitarbeitern erklären, warum du relativ wenig kommunizierst? Oder möchtest du dafür sorgen, dass in deinem Team eher auch introvertierte Menschen sind, die gar nicht wollen, dass du mehr kommunizierst? Sondern von einer extravertierten Führungskraft genervt wären und sich fragen würden: »Warum quatscht der mich hier ständig voll?« Da gibt es viele Möglichkeiten. Das muss man immer sehr differenziert betrachten.

KERSTIN: Ich halte Reflexion für das Wichtige. Die Selbstreflexion und sich im Verhältnis zu den Mitarbeitern zu reflektieren. Wie sind diese aufgestellt? Wie ticken die? Was ist ihnen wichtig, und wie reagieren sie? Die gleiche Ansicht vertrete ich im Hinblick auf die Motive. Wie siehst du das?

RONALD: Wenn man über Motive kommt, dann ist immer die Grundfrage: Was treibt mich an? Was motiviert mich, weiter in diese Richtung zu gehen? Führung bedeutet, dass man etwas anführt. Und die Frage ist: Welches Motiv motiviert mich, damit weiterzumachen oder überhaupt erst einmal damit anzufangen? Das klassische Motiv dafür ist das Einfluss-Motiv. Einfluss ausüben kann ich am besten, wenn ich an der Spitze stehe. Aber mit allen anderen Motiven kann man natürlich auch Gründe finden zu führen. Zum Beispiel das Motiv »Werte und Sinn«. Dann möchte man voll hinter dem stehen, womit man die Zeit verbringt. Dann passt als Arbeitgeber vielleicht eine Stiftung, die sich für etwas einsetzt, das man so sehr vertritt, dass man sehr motiviert ist, sich für diese Stiftung einzusetzen. Das kann man am besten, wenn man sie leitet. Das wäre dann der Ansporn für Führung.

Mit jedem anderen Motiv ist das auch möglich. Das Motiv Einfluss ist das einzige Motiv, dass Führung per se als erstrebenswert erscheinen lässt. Alle anderen Motive sind Mittel zum Zweck.

KERSTIN: Es heißt ja häufig, Mitarbeiter kommen wegen der Aufgabe und gehen wegen der Führungskraft. Was könnte der LINC Personality Profiler hier bewirken? Damit Führungskräfte wirksamer werden und zu ihren Mitarbeitern eine Verbindung aufbauen.

RONALD: Im Optimalfall ist es so, dass die Führungskraft durch den Profiler ein besseres Verständnis ihrer eigenen Persönlichkeit und auch der Persönlichkeit ihrer Mitarbeiter bekommt. Und versteht, dass es keinen Sinn ergibt, Verhaltensweisen anderer nur an den eigenen Richtlinien zu messen.

Ich gebe mal ein Beispiel: Wenn ich jetzt eine sehr gewissenhafte Führungskraft bin, die davon ausgeht, dass jeder Mitarbeiter, der mir eine halb fertige Vorlage schickt, einfach nicht gut ist, weil ich selbst so etwas nie meiner eigenen Führungskraft vorlegen würde, dann ist das ein Problem. Wenn ich aber vielleicht durch einen Persönlichkeitstest verstehe, dass es unterschiedliche Herangehensweisen an eine Aufgabe gibt und es manchmal auch gut ist, sehr flexibel, dynamisch und schnell zu handeln statt äußerst gewissenhaft, dann kann ich versuchen, mich auf die verschiedenen Charaktere, die ich führe, einzustellen. Zugleich kann ich mehr Verständnis entwickeln für die Unterschiedlichkeit der Menschen und weiß vielleicht, worin diese Unterschiedlichkeit genau besteht.

Der Gegenpol zu Gewissenhaftigkeit ist Flexibilität. Menschen, die sehr flexibel sind, werden mir im ersten Moment erst mal ein wenig suspekt sein. Wenn ich das verstanden habe, bin ich in der Lage, ihr Verhalten anders zu interpretieren. Professioneller, besser zu interpretieren. Das macht gute Führungskräfte aus. Dass ich eben nicht alles nur durch die Brille meiner eigenen Persönlichkeit betrachte, sondern in der Lage bin, bei den verschiedenen Menschen auch die Potenziale zu sehen und sie zu fördern. Und nicht zu denken: So wie ich das mache, so müssen das alle machen. Das ist schon ein Riesenschritt nach vorn.

KERSTIN: Hast du einen Lieblingsführungsstil, von dem du denkst, dass er besonders wirksam ist?

RONALD: Wenn man das, was ich gerade gesagt habe, weiterdenkt, dann ist das ein Führungsstil, der persönlichkeitszentriert ist. Ich versuche, die einzelnen Mitarbeiterinnen und Mitarbeiter, die mir begegnen, zu verstehen. Was ist in deren Persönlichkeit? Was ist für sie wichtig? Was treibt sie an? Was motiviert die? Und darauf dann einzugehen, wäre die Art von Führung, die ich mir vorstelle und die ich selbst versuche umzusetzen.

KERSTIN: Welche zwei Schlagzeilen würdest du gerne über Persönlichkeitsentwicklung lesen?

RONALD: Was ich auf jeden Fall gut finden würde, wäre eine Schlagzeile, die in die Richtung geht, wie wir sie ganz zu Beginn besprochen haben: »Typentests sind ausgestorben«. Das wird es aber leider nicht geben. Man darf das auch nicht zu dramatisch sehen. Die zweite Schlagzeile … Ja, es ginge um die Bedeutung von Persönlichkeit. LINC hatte mal den Slogan: »It's all about personality«. Persönlichkeit ist der entscheidende Faktor für alle möglichen Bereiche im Arbeitsleben und auch im Privatleben. Wenn das noch besser erkannt wird und sich noch mehr durchsetzt, wäre es schön.

KERSTIN: Herzlichen Dank für die Einblicke und Impulse, die du uns gegeben hast, Ronald.

REFLECT!

Bring Licht ins Dunkel:
Was zeichnet dich aus?
Wie bist du für deine Zukunft gewappnet?

#3 – WAS MACHT DICH BESONDERS?

»Warum sollten wir genau Sie einstellen?« Könntest du ad hoc auf diese Frage antworten, oder reagiert dein Kopf mit Leere? Ich formuliere die Frage gerne auch anders: »Was macht dich einzigartig und alles, außer gewöhnlich?« Bislang konnte keiner meiner Klienten direkt auf diese Frage antworten. Die meisten Menschen halten sich für gewöhnlich. »Wenn ich das kann, können andere das auch«, denken sie. Oder auch: »Jeder ist austauschbar.« Das sind typische Gedanken. Sie sind zwar nicht falsch, aber auch nicht richtig.

Jeder Mensch wird als Original geboren. Wir bringen Persönlichkeit mit, wenn wir zur Welt kommen. Selbst eineiige Zwillinge sind nicht exakt gleich. Im Laufe des Lebens sammelt jeder von uns Erfahrungen, erwirbt Wissen und Kompetenzen.

Auch Ben konnte diese Frage im Interview nicht beantworten. Er erzählte mir, dass er von seinem Umfeld schon als Kind als besonders anstrengend empfunden wurde. Zu viele neue Ideen, zu viel Energie, zu viel Umtriebigkeit … von allem zu viel. Sein Umfeld konnte nicht mit ihm mithalten, er überforderte seine Eltern, Lehrer und Mitschüler einfach. Er begann an sich zu zweifeln. Er war anscheinend nicht rich-

> »Jeder Mensch hat ein einmaliges Puzzle von Kompetenzen.«
>
> Remo H. Largo

tig. So entstanden ein verqueres Selbstbild und angepasstes Verhalten. Er glaubte von sich, in Wahrheit könne er alles und nichts. Das passte zu seiner Neigung, sich ständig auf seine formalen Kompetenzen zu beziehen.

Wo kommst du her?

Die Auseinandersetzung mit der eigenen Biografie ist wichtig. Sie gibt vielfältige Hinweise darauf, was du von Geburt an mitbekommen hast und wie sich das auf deine Entwicklung ausgewirkt hat. Was ist für dich selbstverständlich, in welchem Umfeld fühlst du dich wohl oder eben nicht, welche Verletzungen und Krisen hast du gemeistert, was triggert dich, wie fällst du Entscheidungen? Welche Fußabdrücke hast du bereits hinterlassen? All' das gibt dir Hinweise darauf, wie du Erfolge kreierst, aber auch wie du mit Krisen und Scheitern umgehst. Dein persönlicher Weg gibt dir Hinweise auf deine persönlichen Erfolgsfaktoren für die Zukunft, aber auch auf wiederkehrende hinderliche Muster.

Die Mischung machts

In der Kombination aus Persönlichkeit, Werten, Einstellung, Haltung, Kompetenzen, Eigenschaften, Interessen usw. ist jeder Mensch einzigartig. So wie jeder Fußabdruck einzigartig ist. Ein inneres Bild von diesem Fußabdruck zu haben, lässt uns wachsen, authentisch und souverän sein.

Deine Einzigartigkeit entsteht also in dir selbst. Sie entsteht an deinen Wurzeln durch deine Erfahrungen und Erkenntnisse. Die Schnittmenge deiner speziellen Kombination aus Erfahrungen und Erkenntnissen gibt es nur einmal auf der Welt. In dieser Kernessenz entsteht Magie. Deine Magie.

Die einzelnen Zutaten dieser Essenz kannst du unterschiedlich stark gewichten. Es entsteht eine Vielzahl an Möglichkeiten, deine Kernessenz mit Energie aufzuladen. Die Kunst besteht darin, den einzigartigen Kern für deine Karriere oder auch für deine Wunschposition herauszuarbeiten. Deine große Chance dabei: Du hast vielleicht genau das, was dich besonders interessant macht und dir Türen öffnet. Die große Gefahr dabei: Du lässt dich aufgrund eines speziellen Anforderungsprofils, das du erfüllst, dazu verleiten, dich zu sehr auf deine »Nicht-Gerne-Stärken« zu fokussieren. Dann würdest du dein Kernprofil so modulieren, wie andere es von dir erwarten. Es wäre dann nicht mehr dein Profil, sondern ein beliebiges, austauschbares Profil.

Vergiss nicht: Erfolg und Zufriedenheit entstehen dann, wenn du deine »Gerne-Stärken« einsetzt. Es liegt ein viel größeres Potenzial darin, Stärken zu stärken, als Schwächen zu schwächen.

Das »One in a Million-Modell« von Torsten J. Koerting, dem Umsetzungsgiganten, ermöglicht ein wunderbares Vorgehen, um deiner einzigartigen Schnittmenge, deinem Kern aus Stärken, Eigenschaften, Erfahrungen, Leidenschaften und Interessen, Spezialwissen usw. auf die Spur zu kommen.

Jeder Mensch bringt eine einzigartige Mischung aus Persönlichkeit, Erfahrung und Kompetenzen mit.

NIMM'S MIT

Das Bewusstsein darüber, was dich einzigartig macht, führt nicht nur zu einer inneren Stabilität. Es führt auch dazu, dass du dich in deiner Karriere bewusster ausrichtest und fundierter Entscheidungen triffst. Mit Blick auf ein Auswahlverfahren bietet es sich an, deinem Kern einen passenden Rahmen zu geben. Was aus deinen Kreisen des »One in a Million-Modells« könnte ein Türöffner für deine angestrebte Position sein? Was aus deiner speziellen Kombination aus Eigenschaften und Persönlichkeitsmerkmalen würde auf das spezifische Anforderungsprofil passen – und dich herausragen lassen? Auf der nächsten Seite findest du das Modell »One in a Million« als Abbildung. In den ersten beiden Kapiteln dieses Buches hast du vielleicht schon deinen Werdegang sowie deine Kompetenzen und Gerne-Stärken reflektiert. Es gibt aber noch mehr, was dich einzigartig werden lässt. Fülle die Kreise des Modells und finde deinen Kern. Für die Bewerbung auf eine spezielle Position selektiere die Punkte, die wichtig für diese Position sind. Denke dabei besonders an die Themen, die als Türöffner dienen könnten. Am Ende sollten in den Kreisen ausschließlich Dinge stehen, die dir gerecht werden *und* zu der Position passen!

WAS BRINGT'S FÜRS AUSWAHLVERFAHREN?

Alle Beteiligten suchen den *Perfect Match*. Dazu gehört auch, dir klarzumachen, was dich von anderen unterscheidet, dich auszeichnet und wie du mit Entscheidungen umgehst. Dein persönliches One-in-a-million-Modell gibt dir Hinweise auf deinen einzigartigen Kern, auf den du aus verschiedenen Perspektiven blicken kannst. Schäle jeweils den USP für die Position heraus, um die es geht. In Gesprächen und Assessments geht es um dich vor dem Hintergrund einer bestimmten Position!

....
....
....
....
....
....
....
....
....
....
....
....

KURZIMPULS

»One in a Million«

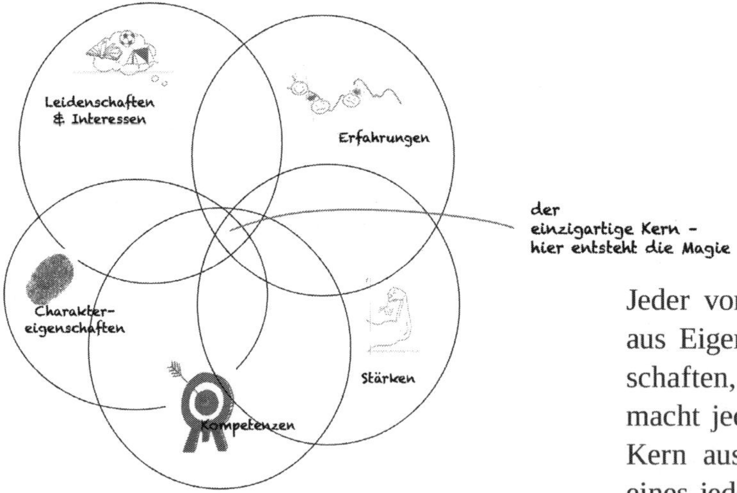

– nach Torsten J. Koerting, The Game Changer –

Jeder von uns hat einen speziellen Mix aus Eigenschaften, Talenten und Leidenschaften, Stärken und Erfahrung. Das macht jeden von uns einzigartig. In dem Kern aus all dem findet sich der Kern eines jeden Menschen, der die besondere Magie entstehen lässt. Die Kunst besteht nun darin, dieser Magie auf die Spur zu kommen.

Warum gelingen manchen Menschen Karriere und Weiterentwicklung scheinbar problemlos? Sie bewegen viel, sitzen fest im Sattel und scheinen mit ihrem Leben vollkommen zufrieden. Manche haben eben mehr Glück als andere. Ist das so?

Nein, das lässt sich nicht auf Glück reduzieren. Das wäre zu trivial. Der Ansatz ist, Karriere und Leben selbst zu steuern, um die gesetzten Lebensziele erreichen zu können. Wer das nicht tut, wird zum Spielball der Wellen und kommt an beliebiger Stelle an. Fernab der erwünschten Ziele und außerhalb der eigenen Kontrolle und Selbstbestimmung.

Das muss nicht so laufen. Egal, was wir tun, wann immer wir Herausragendes erreichen wollen, benötigen wir eine Grundfitness in diesem Gebiet. Es ist wie beim Sport oder beim Musizieren. Wer richtig gut oder sogar exzellent werden möchte, hat sich im Laufe des Lebens Kompetenzen und Gewohnheiten angeeignet, von denen er gar nicht mehr bemerkt, dass sie da sind. Sie sind die Grundlage. Es ist das, was ich Grundfitness nenne.

Ich kenne kaum jemanden, der nicht im Laufe seines Berufslebens mit massiven Umstrukturierungen, Entlassungen, Fusionen, Spin-offs oder sogar mit dem Ende des Arbeitgebers konfrontiert war. Vorhersehbare Bilderbuchlaufbahnen gehörten schon vor Corona der Vergangenheit an. Corona hat diesen Trend deutlich verschärft. Das Tempo, in dem sich unsere Welt auf den Kopf gestellt hat, ist kaum zu erfassen. Ebenso wenig das Tempo, in dem sich Karrieren und Traumjobs einfach in Luft aufgelöst haben. Es ist schmerzhaft mit anzusehen, wenn Menschen mit

Ambitionen und großen Potenzialen in Schockstarre verfallen, weil sie sich mit einer neuen Normalität konfrontiert sehen, der sie einfach nicht gewachsen sind.

Zukunft war immer schon unplanbar. Aber sie ist noch volatiler und schneller geworden. Die Anforderungen an jeden Einzelnen von uns steigen. Wer das nicht mitgehen kann, ist raus. Niemand von uns hat eine Glaskugel, die den Weg weist. Aber jeder kann sich trotzdem fit machen für eine ungewisse Zukunft. Unsere persönliche Zukunft hängt mehr als jemals zuvor von unserer Persönlichkeit ab. Von unserer Fähigkeit, mit Ungewissheit umzugehen und Veränderung schnell mitgehen zu können. Das erfordert persönliche Kompetenzen, die die Stabilität und mentale Widerstandskraft fördern. Diese Karriereskills machen dich fit für die Zukunft und sind gleichzeitig zeitlos. Das macht ihren Charme aus.

Die Karrieren und Entwicklungswege, die ich miterleben oder begleiten durfte, habe ich stets interessiert beobachtet. Menschen auf ihrem Weg zu beobachten, das nicht Offensichtliche wahrzunehmen und die Anatomie ihrer Entwicklung zu erfassen, gehört zu meinen »Gerne-Stärken«. Es gehört sogar in das magische Zentrum meines »Was macht mich einzigartig«-Modells.

Ohne ein Bewusstsein dafür zu haben, habe ich schon vor 30 Jahren damit begonnen. Mir ist schon früh klar geworden, dass es erfolgsrelevante persönliche Eigenschaften und Kompetenzen gibt, die Menschen fit für eine Karriere machen. Die Krise der letzten zwei Jahre hat meinen Blick darauf noch mal geschärft und die ein oder andere Einschätzung anders in den Wind gedreht. Aber wie zuvor erwähnt: ***Es gibt Karriereskills, die zeitlos sind und gleichzeitig wichtiger als jemals zuvor.***

Die »Fit for Future-Karriereskills« entspringen meinen Beobachtungen und meinen Erfahrungen. Meine gesamte berufliche Laufbahn zahlt darauf ein. Aber auch meine persönlichen Tiefpunkte, Erlebnisse des Scheiterns und Unklarheiten. Manche Skills hätte ich vor einigen Jahren noch weniger präzise beschreiben können. Heute hilft mir, dass es für einige dieser Skills, die auch Einstellungen und erfolgsrelevantes Verhalten umfassen, bereits ein klares Verständnis gibt. Ich denke hier an *Growth Mindset* und Self-Leadership.

In ***#8*** zeige ich dir mit den »Fit for Future-Führungsskills« auf, wie du dich fit im Hinblick auf Führung machst. Hier gibt es eine Schnittmenge mit den Karriereskills. Jeweils mit einem kleinen Perspektivwechsel. Du wirst feststellen, dass das Trainieren dieser Skills dein Denken und Handeln verändert und du für deine nächste Führungsaufgabe und dein nächstes Auswahlverfahren gut aufgestellt bist.

Manche dieser Skills sind so machtvoll in allen Phasen und Bereichen deines Lebens, dass sie viel mehr als eine Fähigkeit sind. Die ersten drei Skills sind ein Fit for Future-Skill und eine Superpower zugleich. Du findest zusätzlich separate Kapitel in diesem Buch zu jeder Superpower.

1. Self-Leadership

Hand aufs Herz: Wurde dein berufliches Leben bislang von dem bestimmt, was du wirklich aus dem tiefsten Inneren heraus tun wolltest? Oder hast du getan, was du glaubtest, tun zu müssen?

Die meisten meiner Klienten sind in ihrer Laufbahn dem Weg gefolgt, der sich ergab. Die wenigsten, die zu mir kommen, sind sich bewusst darüber, was sie speziell ausmacht und wie sie leben und arbeiten müssten, um zufrieden und erfüllt sein zu können. Dann verfolgen sie häufig einen Weg und stellen fest, dass dieser Weg ihnen nicht entspricht. Weder ihrer Persönlichkeit und ihrem Wesen noch ihren Träumen und Wünschen. Häufig sind sie auf diesem Weg auch nicht besonders erfolgreich. Gleichwohl stellt sich bei den meisten eines Tages das Gefühl ein, dass es doch noch mehr geben muss.

Falls du dich jetzt wiedererkennst, kann ich dich beruhigen: Es geht den meisten so. Und: Es ist noch nicht zu spät, ein Bewusstsein und Klarheit über dich selbst und deine persönlichen Ziele zu entwickeln. Das sollte sich niemand von anderen abnehmen lassen. Du bist der Experte für dich selbst!

Self-Leadership wird in der Regel in einem Atemzug mit Führung verwendet. Ich weite das Konzept gerne aus. Es ist erwiesen, dass Self-Leadership zu einer höheren Wirksamkeit nicht nur als Führungskraft, sondern in allen Bereichen des Lebens führt.

Du wünschst dir eine Karriere, in der du erfolgreich und erfüllt bist? Ok. Dann starte bei dir. Lerne, dich zu führen. Dein Leben. Deine Karriere.

Self-Leadership ist die ***Superpower***, die du dafür benötigst.

2. Growth Mindset

Ebenso eine ***Superpower*** ist das *Growth Mindset*. Das Mindset ist die Voreinstellung deiner Denkmuster. Jemand mit einem *Growth Mindset* ist davon überzeugt, sich weiterentwickeln und alles lernen zu können. Erfolg ist das Resultat der eigenen Einstellung und des eigenen Einsatzes. Fehler werden als Ansporn genommen, es besser zu machen oder andere Wege zu finden.

Du bist deiner Herkunft und deinen Talenten nicht ausgeliefert. Glaube an dich und die Möglichkeiten, die in dir stecken! Dein Selbstbild hat maßgeblichen Einfluss darauf, was du aus dir und deinem Leben machst. Dein Denken bewirkt Erfolg oder Misserfolg!

Das ist die Einstellung, die dir hilft, deine Karriere zu gestalten. Wir wissen nicht, was die Zukunft bringt. Aber du kannst sie gestalten, mit ihr wachsen und auf das reagieren, was kommt.

3. Werteklarheit

Noch mehr ***Superpower***. Die Klarheit über deine Werte, über das, was dir wichtig ist, die Grundprinzipien deines Lebens und deines Handelns. Aus deinen Werten resultiert, wie du etwas bewertest und was du für gut befindest. Oder eben nicht. Sich dieser Werte bewusst zu sein, ist in unsicheren Situationen und an Weggabelungen Gold wert. Du kannst nicht in einem Umfeld wirksam arbeiten und dich entwickeln, wenn deine Werte dort nicht bedient werden! Das Gegenteil ist der Fall. Die Karriereanker nach Edgar H. Schein erfassen die Karriereorientierung. Sie integrieren die Werthaltungen im Beruf, das Selbstbild über das, was sie gut können sowie ihre Bedürfnisse und Ziele. Sie bilden ebenfalls einen guten Rahmen, um dir klar über deine tief verankerten Überzeugungen bezüglich deiner inneren Karriere zu werden. Ich erläutere im Kurzimpuls näher.

Werte können sich im Laufe des Lebens verändern. Ich lege dir ans Herz, deine Werte immer wieder zu reflektieren und die Passung kritisch zu hinterfragen, wenn du Karriereentscheidungen fällst. Oder wenn du feststellst, dass sich der Job zunehmend schlechter anfühlt.

Weshalb sind Werte eine Superpower und ein Fit for Future-Skill zugleich? Werte wirken in jedem Bereich unseres Lebens. Werte sind der Zündstoff für Beziehungen und unseren Umgang mit Herausforderungen und Alltagssituationen in allen Lebensbereichen.

Wer heute noch klassische Laufbahnen im Kopf hat, erntet mitunter ein Schmunzeln oder auch Irritation. Laufbahnen und Karrieren verlaufen immer weniger gradlinig und vorhersehbar. Also benötigst du einen inneren Kompass, der dich zuverlässig leitet. Werte und Karriereanker können dieser Kompass für dich sein.

4. Eigenverantwortung

»Mit meinen Mitarbeitern funktioniert das nicht«, »Der Markt hat sich eben verändert«, »Mein Chef hat mich übergangen, obwohl wir es anders besprochen hatten« oder auch »Die Beförderung war reines Glück«. All das sind Scheinerklärungen für Misserfolge, manchmal auch für Erfolge. Diese Erklärungen suggerieren, dass andere die Verantwortung tragen. Man ist ausgeliefert. Da kann man wohl nichts machen. So häufig die Denke. *Aber ist das wirklich so?*

Mach dir bewusst, dass dein Leben und deine aktuelle Karriere im Wesentlichen das Resultat deiner persönlichen Entscheidungen sind. Manche davon sind schon vor 20 Jahren gefällt worden. Aber es waren deine Entscheidungen, ob du die Konsequenzen so gewollt hast oder nicht.

Das gilt auch für die Zukunft. Deine Zukunft hängt von den Entscheidungen ab, die du ab jetzt fällst. Daraus werden deine Erfolge und deine Misserfolge resultieren. Und aus der Fähigkeit, die Verantwortung dafür zu übernehmen und den Kurs schnell zu korrigieren, wenn nötig. Die Zyklen, in denen sich eine Karriere entwickelt, sind kürzer und schneller geworden. Die konsequente Eigenverantwortung macht dich ein Stück freier und gleichzeitig wirksamer. Nur dann kannst du aus dir selbst heraus deine Karriere beeinflussen uns steuern. Sonst wirst du zum Spielball der Gezeiten.

5. Connect

Das Erreichen deiner Karriereziele und dein beruflicher Erfolg liegen stärker als je zuvor in deiner Hand. Ein großer Teil der offenen Positionen wird immer noch über Beziehungen vergeben. Oder über die direkte Ansprache von Unternehmen, die eine Position besetzen möchten. Das geschieht nur, wenn du bekannt bist und wahrgenommen wirst. Der Schlüssel dazu ist das Knüpfen von Kontakten.

Verbinde dich. Verbinde dich offline wie online in Netzwerken. Stelle alte Kontakte wieder her, vertiefe bestehende Kontakte und knüpfe neue Kontakte. Die Netzwerke anderer wiederum ermöglichen dir Kontakte zu Menschen, die du sonst nicht erreichen könntest.

Aber Vorsicht: Netzwerke nur für den eigenen Vorteil nutzen zu wollen, führt in eine Sackgasse. Nachhaltiges Netzwerken bedeutet geben und nehmen. Es geht darum, andere Menschen zu unterstützen und zu ermutigen und auf diese Weise persönlichen und beruflichen Erfolg zu gestalten.

Die Digitalisierung hat Kommunikation und Netzwerken verändert. Erfahrungen mit deinem Unternehmen und dir können öffentlich geteilt werden. Du kannst gezielt unterstützen und dein Fachwissen teilen, bei konkreten Problemen helfen. Wer viel gibt, bekommt viel zurück und baut sein Netzwerk auf.

Wer sich hier bewusst mit Persönlichkeit und bestimmten Themen positioniert, nutzt gleichzeitig die Chance, einen Platz in den Köpfen der Menschen einzunehmen. Und so dem Zufall auf die Sprünge zu helfen. In den meisten Zufällen steckt weniger Zufall als gedacht, denn der Zufall bringt nur dem Glück, der vorbereitet ist.

6. Relevanz

Stillstand ist Rückschritt. Diesen Spruch kennt fast jeder. Ich würde noch einen Schritt weitergehen. Stillstand ist der Karrieretod. Der Gedanke, es »geschafft« zu haben und sich auf den Lorbeeren auszuruhen, mag verlockend sein. Aber mal ganz ehrlich: Wenn du wirklich etwas bewegen willst und etwas Relevantes hinterlassen möchtest, kommt das nicht infrage. Die Lorbeeren von heute sind morgen schon verdorben.

Für deine berufliche Zukunft ist wichtig, dass du mit dem, was zu kannst und an Ergebnissen erreichst, relevant für Unternehmen bleibst. Henry Ford soll gesagt haben: »Erfolg besteht darin, dass man genau die Fähigkeiten hat, die im Moment gefragt sind.«

Denk immer ein paar Schritte voraus: Was brauchst du, um deinen Weg weitergehen zu können? Was fehlt dir? Gibt es eine Schwäche, die dich auf deinem Weg behindern könnte? Wie wird sich der Markt entwickeln?

Ben ist hier ein anschauliches Beispiel. Seine große Schwäche war sein Englisch. Er hatte einen Mitarbeiter, der hervorragend Englisch sprach und ihn immer unterstützte. Glück oder Pech für Ben? Ben nutzte die Gelegenheit nicht, sein Englisch zu verbessern. Er machte sich nicht fit für die Zukunft. Es kam, wie es kommen musste. Er musste eine Karrierechance, die ihn wirklich interessiert hätte, an sich vorbeiziehen lassen.

7. Mut

Gewohnte Pfade zu verlassen, kann unangenehm sein. Veränderung kann Angst machen. Die Frage ist nun, ob du dich davon so beeindrucken lässt, dass du diesen Unannehmlichkeiten aus dem Weg gehst oder ob du mutig bist. In Mut stecken Bewegung, Dynamik und Schaffenskraft. Nur mit Mut wird Entwicklung über die gewohnten Grenzen hinaus möglich.

Es geht nicht darum, der Angst aus dem Weg zu gehen. Angst ist grundsätzlich erst einmal positiv. Angst schützt uns und rettet uns auch mal das Leben. Auch die Angst, sich Mitarbeitenden oder einem neuen Chef oder einem Jobinterview zu stellen, ist erst einmal hilfreich. Sie erzeugt eine gesunde Anspannung, die uns konzentriert und fokussiert sein lässt. Wenn Angst aber lähmt oder uns daran hindert zu leben, verfehlt die positive Absicht von Ängsten ihren Zweck.

Es ist wichtig, sich mit seinen Ängsten auseinanderzusetzen und sie mutig zu überwinden. Ängste ignorieren oder sie unter allen Umständen verbergen zu wollen, ist wenig hilfreich. Genauso wenig wie die Worte »Du musst nur daran glauben, dass …« Das ist eine leere Phrase, die hinderlich ist. Dein Unterbewusstsein glaubt dir nicht alles, was du aussprichst. In ***#11*** und ***#12*** findest du mehr dazu.

8. Resilienz

Schon seit Jahren hat der Begriff Resilienz Hochsaison. Er beschreibt Belastbarkeit, Widerstandsfähigkeit, Flexibilität, Krisenfestigkeit und Ähnliches. Der Mensch hat grundsätzlich die Fähigkeit, alles zu meistern, was das Leben ihm vor die Füße wirft. Von kleinen und großen Herausforderungen bis hin zur Erschütterung der Grundfeste des eigenen Lebens. Das ist bemerkenswert.

Die Ereignisse der letzten zwei Jahre haben uns mehr als deutlich vor Augen geführt, wie zerbrechlich das ist, was wir als sicheres und gewohntes Lebensumfeld kannten. Niemand von uns konnte das steuern. Aber jeder von uns kann individuell damit umgehen. Es ist grundlegend, eine innere Stabilität und Tragfähigkeit zu haben. Unabhängig von Position, Status und Einkommen.

Du willst etwas bewegen, einen Fußabdruck hinterlassen und erfolgreich sein. Dann solltest du diese innere Souveränität entwickeln und festigen. Sie wird dich auch in tiefen persönlichen Krisen stützen und in jeder Situation nach außen strahlen.

Die vier Grundhaltungen der Resilienz umfassen:

Akzeptanz

Akzeptiere, was nicht verändert werden kann. Die zweitbeste Lösung ist dann die beste Lösung.Ich fasse es zusammen mit: Take it. Love it. Change it. Leave it. Zur Resilienzentwicklung gehört diese Unterschiede zu erkennen.

Bindung

Bindung erfüllt unser menschliches Bedürfnis, in Kontakt mit Menschen zu gehen und stellt Unterstützung sicher.

Lösungsorientierung

Denkst du eher in Problemen oder in Lösungen? Problemdenken zieht dich runter, Lösungsdenken stärkt in Krisen und bei Problemen. Wenn du dann noch ins Handeln kommst, wird deine Selbstwirksamkeit gestärkt.

Gesunder Optimismus

Es gibt einen großen Unterschied zwischen rosaroter Brille und einem gesunden, realistischen Optimismus. Wann immer sich aus einer noch so negativen Situation etwas Positives herausziehen lässt, ist realistischer Optimismus im Spiel. Stress lässt sich so regulieren.

9. Fang an! Bleib dran!

Wenn es leicht wäre, könnte es jeder. Meistens ist uns vollkommen klar, was wir tun müssten, damit wir uns verbessern und verändern. Und wir tun es dennoch nicht. Oder wir fangen an, geraten ins Straucheln und geben auf.

Jedes einzelne Fit for Future-Skill möchte beachtet und trainiert werden. Nicht alle auf einmal und gleichzeitig. Aber immer wieder und Schritt für Schritt. Fang mit einer Bestandsaufnahme an und suche dir gezielt einzelne Übungsfelder. Was nicht gut funktioniert, funktioniert *noch* nicht so gut, wie du es dir wünschst.

Dich heute fit für morgen zu machen. Darum geht es.

NIMM'S MIT

Wie fit bist du schon für deine Karriere? Bestimme einfach für jeden Karriereskill auf einer Skala von 0 bis 10, wo du stehst. In deinen Reflexionsrunden nimmst du dir dann nach und nach die einzelnen Skills vor, reflektierst sie und entwickelst sie weiter. Am besten fängst du mit den Skills an, die niedrige Werte auf der Skala haben.

KURZIMPULS

Fit for Future – Karriereskills

1. Selbstklarheit und Self-Leadership
   Wenn du andere führen möchtest, solltest du dich selbst genau kennen und dich selbst führen lernen!
2. Growth Mindset
   Wachse über dich hinaus und nimm andere Menschen dabei mit.
3. Werteklarheit
   Kenne deine Werte. Sie sind maßgeblich dafür verantwortlich, wie und wo du erfolgreich sein kannst.
4. Eigenverantwortung
   Übernimm‘ Verantwortung auch bei Misserfolgen und agiere bewusst und lösungsorientiert.
5. Connect
   Verbinde dich mit anderen Menschen in alle möglichen Richtungen und sei präsent.
6. Relevanz
   Überlege vorher, was nachher wichtig sein könnte für dich, dein Leben und deine Karriere.
7. Mut
   Wer immer nur tut, was er immer getan hat, wird keine großen Sprünge machen.
8. Resilienz
   Entwickle eine innere Stabilität und bleib bei dir auch im größten Sturm.
9. Fang an! Bleib dran!
   Deine Karriere und dein Leben sind ein Marathon, kein Sprint. Höre nicht auf, deinen Weg weiterzugehen.

REFRAME!

Deine Zukunft braucht einen Rahmen. Deinen Rahmen.

#5 – VISION UND KARRIEREPLANUNG – BRAUCHT MAN DAS ODER KANN DAS WEG?

Hast du eine klare berufliche Vision? Weißt du genau, was du erreichen willst und wie du Leben, Arbeit und Führung für dich gestalten wirst? Nein? Dann läufst du Gefahr, dass du die Chancen, die sich dir bieten, nicht nutzen kannst, weil du sie nicht erkennst. Oder die falschen Gelegenheiten ergreifst. Wenn du deinen Karriereweg ohne Ziel einschlägst, wirst du am Ende irgendwo im Nirgendwo ankommen. Ein Bild von der Zukunft ist unerlässlich. Man braucht es. Es kann nicht weg.

An *deinem* Ziel wirst du dann glücklich und zufrieden sein, wenn du herausgefunden hast, was zu dir passt. Eine erfolgreiche Führungskarriere ist kein Sprint, sondern ein Langstreckenlauf durch unbekanntes Terrain.

Es macht einen Unterschied, ob wir etwas tun, weil es von uns erwartet wird, oder ob wir etwas aus eigenem Antrieb, aus einem inneren Beweggrund heraus tun.

Viele Karrieren entstehen, weil sich der nächste Schritt anbietet. Obwohl Sinnhaftigkeit, Work-Life-Balance und »den eigenen Weg gehen« in aller Munde sind und immer mehr in den Fokus von Lebensgestaltung rücken, erlebe ich erstaunlich häufig, dass die wichtigste aller Fragen vernachlässigt wird: Passt der nächste Schritt? Passt er zu den inneren Beweggründen und zu der Vorstellung von Leben und Arbeit? Häufig sind es gar nicht die eigenen Ziele, die zu Entscheidungen führen. Es sind oft die Erwartungen Dritter an uns, die uns steuern. Auch die Bewertungen Dritter leiten uns deutlich stärker, als uns bewusst ist. Noten, Abschlüsse, Zertifikate, Mitarbeiterbeurteilungen usw. erscheinen häufig objektiv und daher als Maßstab geeignet. Genauer betrachtet lassen diese Bewertungen viel Raum für subjektive Einschätzungen und stecken uns gleichzeitig in Schubladen. Die Beurteilung eines Vorgesetzten, der auch nur ein Mensch ist, für objektiv zu halten, ist fast absurd. Andererseits können diese Einschätzungen sehr zutreffend sein und wertvolles Feedback darüber geben, wie die eigene Person wahrgenommen wird. Bewertungen Dritter können ein Geschenk für die eigene Reflexion und Entwicklung sein, aber bei wegweisenden Entscheidungen sollten sie nicht den Ausschlag geben. Es braucht einen inneren Kompass, um lebensrelevante Entscheidungen zu treffen. Und es braucht immer wieder ein Innehalten, um den Standort zu überprüfen, den Kompass zu adjustieren und sich innerlich auf Kurs zu halten.

Wäre es nicht schrecklich, nach 20 Jahren von der Erkenntnis getroffen zu werden, dass der eingeschlagene Weg in die falsche Richtung geführt hat? Das passiert dann, wenn Menschen sich an den Maßstäben und Erwartungen anderer ausrichten und jahrelang Schritt für Schritt den Karrierepfad weitergegangen sind und dann plötzlich gestoppt werden – durch eine Krise im Job oder im Privatleben. Die Firma gerät in Schieflage, die Eltern werden schwer krank, der Partner oder die Partnerin gehen. Kurzschlussreaktionen, tiefe Frustration und ein Infragestellen des gesamten Lebens können die Folge sein.

Wir haben immer die Wahl. Wir können unser Leben laufen lassen, es nach den Vorstellungen und Maßstäben anderer ausrichten oder es selbst in die Hand nehmen. Das Problem dabei ist, dass wir uns an dem orientieren, was wir kennen und bei anderen sehen. Damit grenzen wir uns ein. Deswegen fange ich gerne bei dem

Man muss offen für Gelegenheiten sein und sie beim Schopf packen.«

Cawa Younosi, Personalchef bei SAP Deutschland

Ziel, bei der erstrebenswerten Zukunft an und entwickle eine Vision oder auch ein Zukunftsbild, wie ich es lieber nenne. Ich möchte hier direkt einem Missverständnis vorbeugen: Es geht nicht darum, die eigene Vergangenheit zu leugnen und das, was uns geprägt hat, zu ignorieren. Die Auseinandersetzung mit sich und dem, was uns im Kern wichtig ist, uns Energie gibt und auch unsere Schattenseiten gehören dazu.

Eine besondere Kraft entwickelt ein Zukunftsbild dann, wenn es aus den ganz persönlichen Motiven, Werten und »Gerne-Stärken« heraus entsteht. Werte und Motive tragen uns durch die Zeit. Sie halten uns bei der Stange, auch wenn es schlecht läuft oder wir uns verrennen. Sie geben uns Zugang zu unseren unbewussten Wünschen und Leitplanken.

Braucht man Karriereplanung?

Wer an Karriere denkt, denkt häufig an schneller, höher, weiter. Ich verstehe unter Karriere nicht höher und weiter. Wir beschäftigen uns hier mit Führungskarrieren, die eher vertikal angelegt sind, schon klar. Dennoch: Ich verstehe unter einer erfolgreichen Karriere nicht den optimierten hierarchischen Aufstieg. Das spiegelt das althergebrachte Verständnis einer gelungenen Karriere wider. Karriere auf Aufstieg und Hierarchie zu reduzieren, wird der Bedeutung, die Arbeit für unsere Gesellschaft und für Menschen hat, in keiner Weise gerecht. Es geht um viel mehr. Unternehmen und wirtschaftliche Ökosysteme sollten attraktive Plätze für Mitarbeitende bieten, um weitsichtig, nachhaltig und menschlich Arbeit zu ermöglichen.

Deswegen spreche ich gerne von der ***inneren Karriere***. Nach meiner Definition ist eine Karriere erfolgreich, wenn jemand etwas aus tiefstem Herzen, aus Überzeugung gerne tut. Wenn die richtige Person im richtigen Umfeld auf der richtigen Position platziert ist und diese Position erfüllt und wirksam ausfüllt, dann fallen die innere Karriere und die passende Positionierung zusammen. Karrieren funktionieren heute nach einem anderen Muster als noch vor 10 oder 15 Jahren. Jeder kann Karriere für sich definieren und sie selbstbestimmt gestalten. Diese Form der Karriere ist bunter, hat Abzweigungen und Schleifen und kann sogar unterbrochen werden. Der gradlinige Aufstieg ist nicht für jeden erstrebenswert und zukünftig kaum noch zu finden. Wenn man Karriere so begreift, steht bei einer Führungsposition nicht die hierarchische Stellung im Fokus. Führung wird vielmehr zu einem besonderen Auftrag, einer Dienstleistung, verbunden mit dem Willen, mit Menschen zu arbeiten und etwas zu bewegen. ***Die innere Karriere baut auf der Persönlichkeit, den besonderen Fähigkeiten, den Werthaltungen und den inneren Bedürfnissen auf.*** Karriereentwicklung von innen nach außen macht langfristigen »gesunden« Erfolg, verbunden mit einer hohen Arbeitszufriedenheit und Effektivität, erst möglich. Die innere Karriere führt zu anderen Entscheidungen. Es geht mehr und mehr darum, das zu tun, was dem Wesen entspricht und in Umfeldern zu wirken, die den eigenen Werten entgegenkommen,. privat und beruflich. Das passiert nicht von allein. Sowohl die innere als auch die äußere Karriere sind auf ein reflektiertes, aktives Vorgehen angewiesen. Der passende Weg baut auf Entscheidungen, die die eigene Persönlichkeit bewahren und das Leben bereichern. Dieses Vorgehen darf zumindest grob geplant werden. Man braucht einen Karriereplan. Auch er kann nicht weg. Je planmäßiger du vorgehst, desto eher kann dich der glückliche Zufall treffen.

Strategische Karriereplanung unter Spannung

Wer Ambitionen hat und hoch hinaus will – ob hierarchisch oder bildlich gesprochen – sollte spätestens mit Mitte / Ende 30 strategischer denken. Strategische Karriereplanung erfolgt im Spannungsfeld zwischen den persönlichen Rahmenbedingungen, der Persönlichkeit und dem persönlichen Verständnis von Karriere – siehe Karriereanker nach Edgar H. Schein – sowie dem Markt. Alle drei Elemente verändern sich im Laufe der Zeit. Deswegen ist eine Karriereplanung auch nicht in Stein gemeißelt und reagiert auf Veränderungen.

Ich höre häufig den Einwand, dass Karriere genau aus diesem Grund nicht planbar sei. Es komme meistens anders als gedacht. Stimmt. Meistens gehen Pläne nicht auf. Und das ist auch gut so. Wir planen, damit wir einen Rahmen haben und beurteilen können, ob es gut oder schlecht läuft, ob wir auf dem richtigen Pfad unterwegs sind oder unsere Route besser verändern sollten. Der Verlauf einer Karriere hängt schließlich nicht nur von dir allein ab. Eine Reihe unbeeinflussbarer Faktoren und die Entscheidung anderer Menschen wirkt auf deine Karriere ein. Aber du kannst bewusst reagieren.

Der Plan ist nicht in Stein gemeißelt. Pläne und Ziele können sich ändern, genauso wie unser Leben sich verändert. Wer aber bewusst reagieren und nicht zum Spielball der Gezeiten werden will, ist auf einen Kurs, einen Kompass und einen Plan angewiesen. Die klassische Laufbahn wird mehr und mehr zum Auslaufmodell und macht zeitgemäßeren, individuelleren und weniger vorhersehbaren Lebensläufen Platz. Die klassischen Fahrstuhlkarrieren sind Schnee von gestern. Karriere ist persönlicher geworden. Berufliche Entwicklung funktioniert zeitlos. Die Erfahrungen, die wir im Beruf machen, sind der Treiber für diese Entwicklung.

Deine Karriereplanung bestimmt dein langfristiges berufliches Ziel, also die Entwicklungsrichtung deiner Karriere. Mit 30 ist die Entwicklungsrichtung eine andere als mit 50, aber es gibt immer einen Start- und einen Endpunkt. Der Weg dazwischen speist sich aus den Erfahrungen, die du machst. Diese Erfahrungen bewusst zu steuern, das ist im Grunde der Kern einer jeden Karriereplanung. Meinen Kunden geht es häufig darum, attraktiv für den Markt zu bleiben und gleichzeitig etwas machen zu wollen, was ihnen mehr entspricht als die aktuelle Situation.

Ich rate davon ab, dieses Ziel ausschließlich und fix an eine zu erreichende konkrete Position zu knüpfen. Je höher du auf der Karriereleiter stehst, desto tiefer kannst du fallen.

Im Sinne der inneren Karriereplanung darf das Karriereziel mit einem Sinn und Inhalten verknüpft sein. Das eröffnet deutlich mehr Möglichkeiten, nährt die Seele und bewahrt vor dem Verlust der beruflichen Identität, wenn du eine Position nicht erreichst oder gar aufgeben musst.

Am Anfang deiner Karriereplanung solltest du dir klar werden, wo du derzeit stehst. Der Teil I. »Fit für die Karriere« hilft dir dabei. Das ist dein Ausgangspunkt. Sei sehr ehrlich dabei. Am besten funktioniert die Planung, wenn du deine aktuelle Position mit einem kernigen Statement für den Start auf den Punkt bringst. Zum Beispiel so: »Ich bin eine Teamleiterin, die in ihrem eng gesteckten Rahmen zuverlässig entlang der Vorgaben von Geschäftsleitung und Compliance mit ihrem Team ihren Beitrag zum Unternehmenserfolg leistet. Als Führungskraft werde ich als die beste operative Mitarbeiterin im Team wahrgenommen und pflege ein freundschaftliches Verhältnis zu meinem Team.« Das klingt ein wenig negativ. Sie sollte als Führungskraft nicht ihre beste operative Mitarbeiterin sein. Und das mit dem freundschaftlichen Verhältnis ist auch so eine Sache. Dieses Statement beschreibt den Ausgangspunkt und ist nicht für andere gedacht. Auch schmälert diese Aussage nicht die Erfolge und die großartigen Stärken der Teamleiterin. Aber sie beschreibt einen Ausgangspunkt, der in ihren Augen eine Entwicklung sehr attraktiv macht.

Dein Zukunftsbild

Erst wenn du an diesem Punkt bist, kann es losgehen mit der Frage, wohin du möchtest. Welche Vision, welches Bild hast du von deiner Zukunft? Wohin soll deine Reise gehen?

Fragen, die dich leiten, können sein: Was möchtest du in deinem Leben erreichen? Wofür möchtest du stehen? Was soll anders sein? Wie soll sich dein Start-Statement verändern? Wer willst du als Führungskraft sein? In welchem Umfeld arbeitest du? Was benötigst du, um deine Wunschposition erfüllt auszufüllen? Welchen Raum soll dein Privatleben haben? Was ist heute und zukünftig wichtig in deinem Leben?

Wie du nun zu deinem Erfolgsbild kommst, ist dir überlassen. Malen, Schreiben, Collagen – alles ist möglich. Wichtig ist nur, dass du es zügig und ***an einem Stück erstellst***. Verzichte auf zu viel Nachdenken. Verzichte auf Perfektion. Vielleicht sogar auf Struktur. Das kannst du alles nachziehen. Erst einmal geht es darum, deinen verborgenen Wünschen, Träumen und Potenzialen auf die Spur zu kommen.

Das Zukunftsbild leben

»Wenn du es dir vorstellen kannst, kannst du es tun«, soll Walt Disney gesagt haben. Ja, das ist sicherlich richtig. Es gibt hier ein großes ABER. Wenn du dir in den schönsten Farben ausmalst, wie deine Zukunft aussehen soll, ist es eben noch nicht getan und vielleicht lebensfern. Wenn du die erste Version deines Zukunftsbildes hast, mache dir unbedingt die Rahmenbedingungen klar, um deine inneren Beweggründe, Werte und Motive bedienen zu können. Das sind wichtige Leitplanken, die sich in verschiedenen Lebensabschnitten verändern können. Es ist ein großer Irrtum, dass unser innerer Sinn, unsere Werte sich im Laufe unseres Lebens nicht verändern.

Ein mindestens ebenso großer Irrtum ist die Annahme, dass ein Visionboard als Collage oder Bild ausreicht, um in den Sog einer glücklichen und erfolgreichen Zukunft zu geraten und ihr per Autopilot entgegenzufliegen. An dieser Stelle wird die positive Psychologie häufig missinterpretiert.

Als ich mein Zukunftsbild erstellt hatte, wurde ich sehr demütig. Es erschien mir doch sehr ambitioniert. Einen wirksamen Rahmen gibst du deinem Zukunftsbild auch hier wieder, wenn du ein Ziel-Statement formulierst. Diesmal empfehle ich dir, ein Zwischenziel zu formulieren. Die Teamleiterin formulierte ihr Zwischenziel so: »Ich bin eine Führungskraft, die Innovationen und Strategien mitentwickelt und mehrere Teams darin bestärkt, eigenständig und umsetzungsstark zu arbeiten.«

Das Zukunftsbild bleibt ein Traum, wenn die Brücke in die Welt des Alltags und der Umsetzung nicht geschlagen wird. Ohne einen konkreten persönlichen Plan wird nichts aus dem Zukunftsbild. Zur Erinnerung: Entwicklung baut auf Erfahrung auf. ***Die Frage ist also, welche Erfahrungen sind wichtig***

für den Weg von Startpunkt zum Ziel? Das ist die Kernfrage einer strategischen Karriereplanung. Finde heraus, welche Erfahrungen dir dienlich sein werden, um dich in Richtung Ziel zu entwickeln. Sieh dir Vorbilder an, sprich mit ihnen und tausche dich aus. Hieraus entwickelst du deine ***Schritte für die nächsten drei bis fünf Jahre***. So bleibt deine Planung übersichtlich und überfordert dich nicht. Berücksichtige Positionen, Fähigkeiten, Kompetenzen, bestimmte Aufgaben und auch Soft Skills, die du auf dem Weg zum Ziel in dein Portfolio aufnehmen musst. Ergänze sie um persönliche Anliegen und Ziele, damit du einen ausgewogenen Plan erzeugst und nicht ausschließlich in deinen Karriereplänen versinkst. Ich verwende deswegen viel lieber eine flexible Karriere-Roadmap, genauer gesagt eine Karriere & Leben-Roadmap, als einen statisch wirkenden Plan. Dein Leben ist mehr als die Karriere.

Um dein Zukunftsbild tatsächlich aufleben zu lassen, empfehle ich dir noch einen Schritt weiterzugehen. Wie könnte der Weg von A, wie aller Anfang ist schwer, über H wie Herausforderungen und Hürden bis Z wie Zukunftsbild beschaffen sein? Welche Hürden tun sich möglicherweise auf? Wie kannst du sie bewältigen? Wie hoch ist der Preis für das Zukunftsbild und bist du bereit, ihn zu bezahlen? Denn es gibt immer einen Preis!

Du möchtest Marathon laufen? Das bedarf Zeit für regelmäßiges Training. Der Preis? Weniger Zeit für die Familie, Freunde und andere Hobbys.

Du wünschst dir Auslandserfahrung als Führungskraft? Das erfordert einen Umzug. Der Preis? Die Familie muss umsiedeln. Du verlierst vielleicht Freunde.

In den Kapiteln #11 und #12 gehe ich ausführlicher darauf ein, wie echte Entwicklung und Veränderung gelingen können.

Bei aller Selbstreflexion und der Auseinandersetzung mit sich selbst – wenn Eigen- und Fremdbild auseinanderdriften, wenn andere dir deine Wunschkarriere nicht zutrauen, wird das nichts. Die anderen sind hier die Entscheider. Die, die über die Besetzung von Positionen und Förderprogrammen entscheiden. Deswegen ist Feedback unfassbar wichtig. Ehrliches, offenes, transparentes Feedback. Dafür kommen Freunde, Eltern, Partner und Partnerinnen nicht infrage. Ich denke hier vielmehr an Vorgesetzte, Mentoren, vertrauenswürdige Kollegen, Mentoren, Berater – wenig private Nähe, aber mit Erfahrung und einem Blick von außen.

Wenn das Zukunftsbild in seinen einzelnen Schritten nicht dokumentiert und regelmäßig weiterentwickelt wird, geht der Plan in den Wellen des Alltags unter. Menschen, die ihre Ziele nicht permanent vor Augen haben und ihren Fortschritt nicht regelmäßig überprüfen können, verlieren das Ziel aus den Augen. Das Engagement für die Zukunft geht verloren.

Realitäts-Check

Hand aufs Herz. Die Realität kann mit den eigenen Träumen oft nicht mithalten. Die Entwicklung des Zukunftsbildes ist sinnvoll, wenn du mit deinen Werten, Zielen, Rahmenbedingungen usw. bereits auseinandergesetzt bist, damit das Bild von der Zukunft von vornherein nicht zu weit weg von der Realität ist. Dein Unterbewusstsein würde das bemerken und dir seine Unterstützung verweigern. Träume und Zukunftsbilder sollen dir Auftrieb geben und dich dabei unterstützen, das Beste aus dir herauszuholen. Die meisten Menschen können mehr erreichen als sie glauben. Aber aus einem Pinguin wird kein Steinadler. Prüfe, ob dein Zukunftsbild erreichbar ist. Lege es mit klarem Blick in das Dreieck aus Markt, persönliche Rahmenbedingungen und Persönlichkeit.

Sei ehrlich mit dir! Jedes Ziel hat einen Preis. Welchen Preis hat dein Zukunftsbild? Bist du bereit, diesen zu zahlen? Ist dein Umfeld bereit, dein Zukunftsbild mitzutragen?

Ein kleiner Twist – das Zukunftsbild als Führungsinstrument

Eine Vorstellung von der Zukunft und deren Gestaltung zu haben, macht echte Führung erst möglich. Wie sonst soll eine Führungskraft leiten und steuern? Steuerung muss eine Richtung, ein Ziel haben. Wohin soll die Reise für das Unternehmen oder für den eigenen Fachbereich gehen? Dennoch wird die Wirksamkeit von Visionen und Zukunftsbildern auf Bereichs- oder Teamebene unterschätzt.

Warum also ein Zukunftsbild ausschließlich für die persönliche Entwicklung nutzen? Ein Zukunftsbild kann ein außergewöhnlich starkes Führungs- und Umsetzungsinstrument sein. Ein gemeinsames Verständnis von dem, was erreicht werden soll, ist die Basis für wirksame Führung und ein konstruktives, zielführendes Miteinander. Dennoch fehlt es häufig an einem gemeinsamen Zielverständnis. Ein Seite an Seite entwickeltes Zukunftsbild des Teams bewirkt Wunder – Verbundenheit, Aha-Erlebnisse und Vorfreude auf das, was kommt. ***Ein Zukunftsbild gibt Orientierung, ist richtungsweisend und sinnstiftend.*** Auch in schwierigen Phasen hilft es, dranzubleiben, Hindernissen unverzagt zu begegnen und sich immer wieder auf das gemeinsame Ziel zu fokussieren. Wirkungsvoll wird es, wenn alle Beteiligten es sich regelmäßig vor Augen führen und darüber reden. Sobald das Zukunftsbild in der Schublade verschwindet, ist es zum Papiertiger geworden. Das Zukunftsbild zu visualisieren und sich regelmäßig über das Ziel, den Weg dorthin und den Fortschritt auszutauschen, sind der Schlüssel zum Erfolg.

Kann es mehrere Zukunftsbilder geben?

Zukunftsbilder können zu mehreren Lebensbereichen entstehen. Ich habe ein Zukunftsbild, das alle Bereiche umfasst. Das passt zu mir, da ich Leben und Business gedanklich nicht trenne. Genauso kann es ein Zukunftsbild für die Karriere geben, für die Familie oder was auch immer im Fokus steht. Es bietet sich an, mit einem Bereich zu beginnen, um sich nicht zu überfordern. Es sollte allerdings nicht zu viele einzelne Zukunftsbilder geben. Dann sind sie kaum noch miteinander zu verzahnen.

Für die strategische Karriereplanung benötigen wir ein klares Zukunftsbild für die Karriere.

Nimm's mit

Ein Zukunftsbild, das auf den ganz persönlichen Motiven, Werten und Stärken basiert, ist richtungs- und wegweisend. Ohne intensive Reflexion der eigenen Person und Vergangenheit kein Zukunftsbild. Ohne die Klarheit über Start, Ziel und Zwischenziel gibt es keine strategische Karriereplanung. Ohne das Feedback und die Einschätzung Dritter, ob sie es dir zutrauen, geht es nicht! Kleine Schritte, der Austausch mit Vorbildern, Zwischenziel und Visualisierung sorgen dafür, dass du auf Kurs bleibst. Stell' dir immer wieder die Frage: Bist du sicher, Führungskraft sein zu wollen? Glaubst du an dich? Auch wenn du den nächsten Schritt gehst?

WAS BRINGT'S FÜRS AUSWAHLVERFAHREN?

Ich werde nicht müde zu betonen, dass es für alle Beteiligten in einem Auswahlverfahren um die Frage geht, ob man in der ZUKUNFT zusammenarbeiten kann. Jeder Bewerber darf zurecht von einem Unternehmen erwarten, dass es ein Bild von seiner Zukunft hat und zukunftskompetent ist. Auf der anderen Seite benötigt das Unternehmen Mitarbeitende und Führungskräfte, die ebenfalls zukunftsfähig sind. Ohne Plan über zukünftige Entwicklungen in der Branche, im eigenen Fachbereich und ohne Vorstellung von der eigenen Zukunft wirkt jemand unreflektiert und nicht zukunftsfähig. Ich habe bis jetzt nicht so viele Führungskräfte erlebt, die das Potenzial mitbrachten, die Zukunft konstruktiv zu betrachten und sie immer wieder neu zu definieren. Damit kannst du in Gesprächen und Assessments einen echten Unterschied machen! Mache dir Gedanken darüber, wie du deinen Fachbereich oder die Branche fit für die Zukunft machen könntest und ziehe auch in Betracht, dass in 10 Jahren kein Stein auf dem anderen mehr liegt. Wie schaffst du es, deine Mitarbeitenden und Stakeholder ins Boot zu holen?

Außerdem empfehle ich dir, nach jedem Auswahlverfahren ein Feedback einzuholen. Welchen Eindruck haben die jeweiligen Entscheider von dir? Was können sie sich für dich vorstellen? Was sehen sie in dir?

*>>Der Mensch entwickelt
ein Gespür dafür,
was >seins< ist
und was nicht.<<*

Edgar. H. Schein

KURZIMPULS

Die Karriereanker nach Edgar H. Schein

Der Karriereanker spiegelt deine Persönlichkeit wider und integriert Fähigkeiten, Werte und Motive im Hinblick auf deine Karriereneigung. Die Kenntnis des eigenen Karriereankers hilft dabei, deinen bisherigen Werdegang und deine Erwartungen in deine zukünftige Karriere einzuordnen. Er hilft dir dabei, passgenauere Entscheidungen zu treffen.

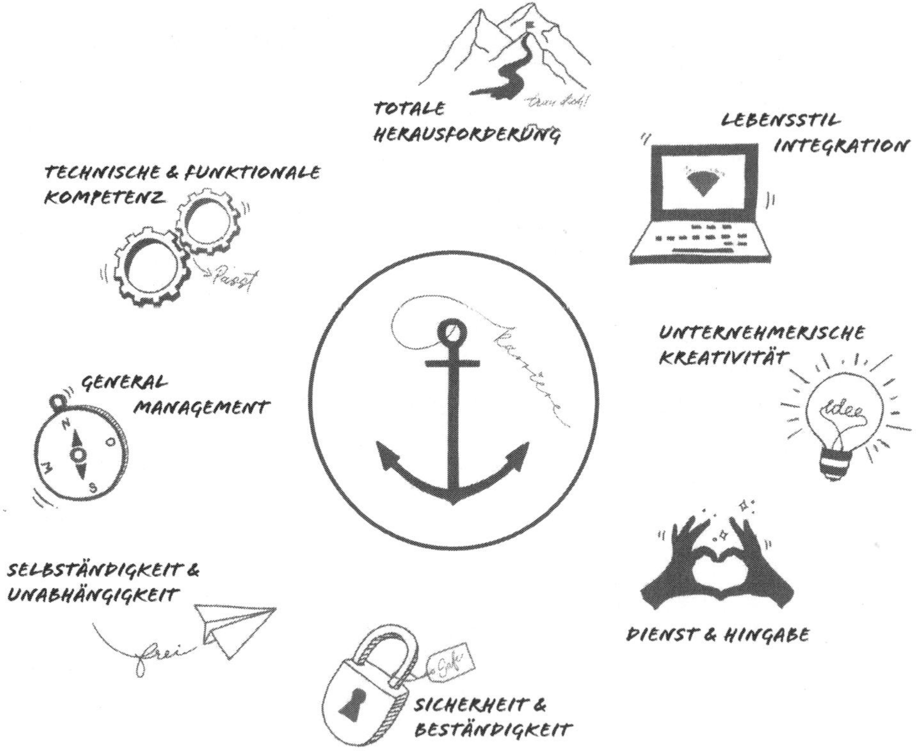

Karriereanker nach Edgar H. Schein

1. Technische / funktionale Kompetenz:
Du legst Wert darauf, der Experte in einem Fachgebiet zu sein und dieses fortlaufend zu vertiefen und auszubauen?

2. General Management:
Du willst als Führungskraft Verantwortung übernehmen und kannst mit komplexen Entscheidungssituationen umgehen?

3. Selbstständigkeit / Unabhängigkeit:
Du möchtest deine Arbeit auf deine eigene Art und in deinem eigenen Rhythmus erledigen?

4. Sicherheit und Beständigkeit:
Du möchtest einen sicheren Job und eine vorhersehbare berufliche Zukunft?

5. Unternehmerische Kreativität:
Du möchtest etwas Eigenes auf die Beine stellen und etwas erschaffen?

6. Dienst und Hingabe:
Du möchtest etwas verbessern und dich für andere einsetzen?

7. Totale Herausforderung:
Du brauchst ständig neue Impulse und magst keine Routine?

8. Lebensstilintegration:
Du trennst nicht zwischen Arbeit und Leben?

#6 – GOS UND NO-GOS

Es war mein erster Tag. Ein neuer Job. Mein neuer Chef steckte den Kopf durch die Bürotür, beachtete seine Mitarbeiter im Raum kaum und bellte einen Namen. Der so Angebellte sprang sofort vom Schreibtisch auf und folgte ihm mit rotem Kopf in sein Büro.

???????? Ich blickte den Kollegen an, der mir gegenübersaß. »So ist er, der Alte«, bemerkte mein Gegenüber.

»No-Go. No-Go!«, blinkte es in meinem Kopf.

Dass schon drei Monate später die Gehälter ausblieben, war ebenfalls ein No-Go. Aber das ist ein anderes Thema.

In meinem Verständnis von einem konstruktiven, wertschätzenden und effektiven Miteinander geht solch ein Verhalten gar nicht. Ich kann dieses Verhalten auch nicht abhaken, unter »Man muss nur wissen, wie man damit umgehen muss« oder »So ist er halt, aber ich brauche eben einen Job«.

Was hatte ich falsch gemacht? Ich muss ein wenig ausholen.

Wenn wir uns auf die Suche nach einem neuen Job begeben, haben wir ein inneres Bild davon, wie es sein soll. Es ist wichtig, dass wir uns dieses innere Bild, die Ausgestaltung und die Rahmenbedingungen des Jobs vor Augen führen. Die Karriereanker nach Edgar H. Schein und das Zukunftsbild sollten sich mit diesem inneren Bild matchen lassen. Aber genauso wichtig ist es, sich klarzumachen, was wir auf keinen Fall wollen. Der Teufel liegt im Detail. Durch vermeintliche Kleinigkeiten kann Sand ins Getriebe geraten und den Alltag zu einer Tretmühle machen.

Ein cholerischer Chef in einer Firma mit unzureichender Liquidität war allerdings mehr als etwas Sand im Getriebe. Ich hatte mir die Gos und No-Gos für diesen Job nicht ausreichend klargemacht. Für mich war selbstverständlich, dass ich in so einem Klima nicht arbeiten wollte. Die notwendige intensive Auseinandersetzung mit den für mich wichtigen Rahmenbedingungen war ich nicht eingegangen, so dass ich sie in den Vorstellungsgesprächen auch abklopfen konnte.

Ben lief Gefahr, ebenfalls in diese Falle zu tappen. Er hinterfragte die Dinge nicht, die bei seinem aktuellen Arbeitgeber selbstverständlich waren. Er konnte tageweise im Homeoffice arbeiten, Möglichkeiten für ein Mittagessen waren fußläufig erreichbar, eine Kontrolle der Arbeitszeit gab es nicht und er hatte einen Assistenten, der ihm viele ungeliebte Aufgaben abnahm. Was davon war so essenziell, dass er in seiner nächsten Position nicht darauf verzichten konnte? In seinem Fall waren es das Homeoffice und die Nichtkontrolle der Arbeitszeit. Diese Klarheit führte später dazu, dass er ein Jobangebot ablehnte. Ein Stück Unabhängigkeit und Flexibilität waren Teil seiner Persönlichkeit und seines Wertesystems.

Es bietet sich an, die Standortanalyse noch etwas aufzubohren. Eine Reihe von Fragen hilft dir dabei. Liste auf, was du an deiner aktuellen Position schätzt. Was ist so, wie du es haben möchtest? Aufgaben, Kompetenzen usw. Weite aber auch deinen Blick in Richtung der Rahmenbedingungen wie Arbeitszeitmodelle, Mittagessen, Kaffeeküche, Parkplätze, Entfernung, Flexibilität usw. Was ist positiv? Was passt zu dir und deiner Persönlichkeit? Und welche Punkte sind als neutral zu bewerten? Nun drehst du den Spieß um und überlegst, was dir nicht gefällt. Denke dabei auch an den Grund, aus dem du dich verändern möchtest. Und vergiss Führungsstil, den Umgang miteinander und die Kultur nicht: Unter welchen Bedingungen kannst du »artgerecht« und wirksam arbeiten? Welches Umfeld benötigst du, damit deine Führungsarbeit gedeihen kann? Welche Rahmenbedingungen sind nötig, damit du dich weiter entwickeln kannst?

Was ist zu bedenken, damit dein langfristiges Karriereziel bedient wird?

Was braucht dein Privatleben, damit es nicht eingeht?

Zu wissen, was man nicht will, ist genauso wichtig, wie zu wissen, was man will!

Manches ist mit dem Arbeitgeber verhandelbar. So war ich in einer anderen Firma die Erste, die im Homeoffice arbeiten konnte. Schon vor der Pandemie war es jedem Mitarbeiter dort möglich.

NIMM'S MIT

Wer seine Gos und No-Gos nicht klar vor Augen hat, springt womöglich auf jeden Zug auf, der vorbeifährt. Auch wenn er in die völlig falsche Richtung fährt. Der Blick in die Zukunft wird leichter, wenn dir klar ist, was du willst und was du nicht willst. Ich empfehle dir, eine Positiv- und eine Negativliste zu erstellen.

WAS BRINGT'S FÜRS AUSWAHLVERFAHREN?

Erfolgsfaktor Nr. 1 den Traumjob zu finden, ist die Klarheit über die eigene Person und die persönlichen Ziele. Das ist die Voraussetzung dafür, einen Job auswählen zu können, der Entwicklung und Erfüllung ermöglicht. Nur wer weiß, wonach er sucht, kann es auch finden.

Erfahrungsgemäß machen die Personen, die sich mit diesen Fragen auseinandergesetzt haben, eine bemerkenswert gute Figur in Interviews und Verhandlungen.

KURZIMPULS

Das Spannungsfeld der Karriereplanung

»Wer plant, hat das Leben nicht verstanden«, sagte neulich ein geschätzter Kunde. Er war leicht frustriert. Seine Pläne waren nicht aufgegangen. Sinn und Zweck eines Plans ist *nicht*, dass er exakt aufgeht. Es geht darum, eine Richtung und einen Leitstern zu haben, um erkennen zu können, wenn die Route nicht mehr passt. Es ist wichtig, die eigene Persönlichkeit und die treibenden Karriereanker zu kennen. Gleichzeitig bewegen wir uns nicht in einem widerstandslosen Raum. Die persönlichen Rahmenbedingungen und die Marktsituation haben ebenfalls Einfluss. In diesem Spannungsfeld bewegt sich Karriere.

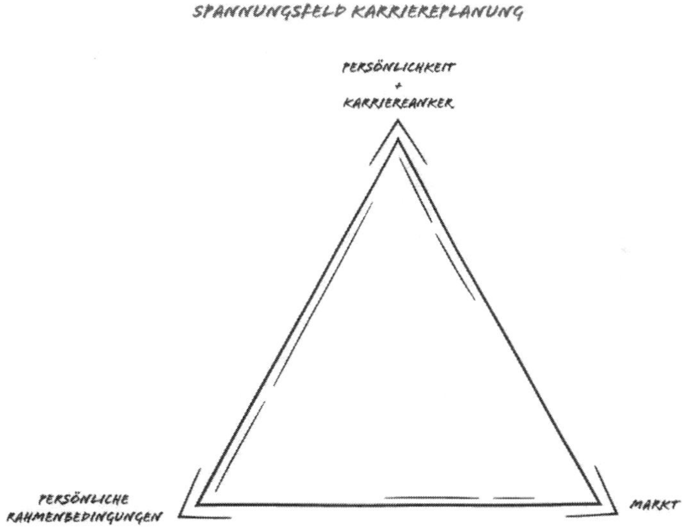

INTERVIEW MIT MARTIN VON HIRSCHHAUSEN (KARRIERE UND FÜHRUNG)

Martin von Hirschhausen bringt als ehemaliger Bankvorstand national wie international als Beirats- und Aufsichtsratsmitglied sowie als Unternehmer 40 Jahre gewachsene Erfahrung in Finanz- und Vermögensfragen mit. Sein Erfahrungsschatz zu den Herausforderungen in Führung und Karriere ist schier unendlich.

Mit der Gründung der Martin von Hirschhausen AG hat er sich auf ein neues Terrain begeben: einzig seinen Kunden verpflichtet, völlig unabhängig. Er ist ein Beispiel dafür, wie aus der individuellen Mischung aus Kompetenz, Substanz und Persönlichkeit die Karriere verändert wird und ein Unternehmen mit einer einzigartigen Positionierung entsteht. Und das ist wörtlich zu nehmen. Niemand in der DACH-Region bietet Vermögensbegleitung für Familienunternehmer und Investoren in der Art und Weise an wie Martin von Hirschhausen. Ein Kunde von ihm sagt: »So einen wie dich gibt es nur einmal.«

KERSTIN: Martin, dein beruflicher Weg ist von unterschiedlichsten Positionen geprägt und strahlt Erfahrung und Substanz aus. Karrierewege heute - müssen sie geradlinig sein? Sollten sie geradlinig sein?

MARTIN: Weder noch. Viele denken wahrscheinlich, dass man als künftige Führungskraft einen gradlinigen Karriereweg benötigt. Ich würde heute sagen,

Karrierewege können gar nicht mehr geradlinig sein, weil die Zukunft einfach nicht prognostizierbar ist. Das halte ich für unrealistisch. Also, wer mir seinen Lebenslauf erzählt und sagt, ich habe die Ausbildung gemacht, um danach Portfoliomanager zu werden, das glaube ich noch. Aber danach ist es nicht mehr planbar. Also diese Sequenz des langen vorherigen Planens, glaube ich, geht nicht. Die Kunst ist das, was du gerade tust, vernünftig, fröhlich und mit Engagement zu tun. Und dann zu schauen, was dich entweder anspringt oder wo du hinwillst. Damals, zu meiner Zeit, gab es noch diese sehr realistischen Karrieren, die ich gemacht habe. Diese sind heute auch immer untypischer. Das Spezialistentum nimmt immer weiter zu.

Nun sagt jeder, dass er seinen Karriereweg auch anderen empfiehlt. Gleichwohl würde ich sagen: Bleibt möglichst entweder Generalist oder macht mal völlig unterschiedliche Dinge. Ich kenne Spezialisten, die raten dann Jüngeren: »Spezialisiert euch früh, dann könnte es schneller umso besser werden.« Also jeder empfiehlt das, was er erfahren hat.

Ich habe sehr viele unterschiedliche Sachen gemacht. Der Generalist, zu dem ich mich zähle, der weiß von immer mehr immer weniger und deshalb von allem nichts mehr. Der Spezialist dagegen weiß von immer weniger immer mehr, bis er von nichts alles weiß. Insofern gehen die Dinge auseinander, und ich habe viel Respekt vor den Menschen, die viele unterschiedliche Dinge gemacht haben. Gerade Auslandseinsätze kannst du keineswegs planen. Du kannst auch nicht – bei mir doch relativ dramatisch, würde ich im Nachhinein sagen – die Rückkehr planen. Also was in Aussicht gestellt wird und was du nachher wirklich bekommst, waren nicht nur bei mir, sondern bei vielen, die aus dem Ausland zurückgekommen sind, völlig unterschiedliche Dinge. Sodass das Gefühl entsteht, na ja, da ist dein Einsatz im Ausland und was du da vorangebracht hast, kaum gewürdigt worden. Und im Inland sind die Menschen, die an den entsprechenden Führungspositionen enger drangeblieben sind, sodass dann bei einer Entscheidung, wer welche Aufgabe bekommt, diejenigen, die da näher dran waren, bessere Karten hatten. Insofern: Es ist nicht vorher planbar. Nach meiner Erfahrung und auch nach meiner Beobachtung jetzt. Und insofern denke ich, Karriereplanung ist die Kunst, eine Sache gut zu machen, Freude dran zu finden und sich dann weiterzuentwickeln. Und sich auf der Persönlichkeitsebene à jour zu halten und Fortbildung wahrzunehmen, die angeboten werden. Sich weiterzuentwickeln, denke ich, ist das A und O, um sich selbst wohlzufühlen und auch die innere Freiheit zu haben, sich für einen anderen Bereich zu entscheiden, wenn es wichtig wird. Um nicht an einem Job festhalten zu müssen, weil die Familie ernährt werden muss oder was auch immer.

KERSTIN: Das ist die Einstellung, die mir häufig begegnet. Die Haltung, nichts anderes machen zu können, weil es Verpflichtungen wie die Familie oder eine Immobilie gibt. Immobilien machen immobil. Diese Menschen fühlen sich dann gefangen in ihrem Job.

MARTIN: Immobilie macht immobil. Das ist so und engt auch den Geist ein, würde ich sagen. Es kommt auch auf das Umfeld an. Welche Kultur hat der Ehepartner? Welche eigenen beruflichen Ideen gibt es? Wie groß ist die Flexibilität? Und eine Immobilie macht immobil – ich glaube, ehrlich gesagt, nicht nur örtlich, sondern tendenziell auch geistig.

Einem Banker, der auf Asset Management schaut oder auf strategische Vermögensverteilung, würde empfehlen, sehr früh Immobilien zu kaufen. Aber vielleicht ist dann ein guter Kompromiss, sehr früh eine fremd genutzte Immobilie zu kaufen und die eigene Nutzung hinten anzustellen, bis man wirklich weiß, wo die Reise hingeht und man sich zu Hause fühlt. Es gibt aber natürlich auch Karrieren an einem Ort. Wer in Banken arbeitet, ist natürlich prädestiniert für Frankfurt.

Wer in Bundesbehörden sitzt, ist prädestiniert für Berlin. Versicherungen: Köln. Für Biotech ist es München. Ich denke persönlich, es ist für das eigene Wachstum spannend, verschiedene Dinge erlebt zu haben. Und da reicht es eben nicht, während der Studienzeit ein paar Wochen ein Praktikum gemacht zu haben, sondern auch woanders gelebt zu haben und eingetaucht zu sein in eine andere Kultur. Das kann auch gerne mal im Ausland sein. Das prägt stark.

KERSTIN: Was ist eine erfolgreiche Karriere? Was verstehst du unter einer erfolgreichen Karriere?

MARTIN: Also Karriere ist immer noch sehr hierarchisch orientiert, und ich kann das auch nachvollziehen. Also die Diskussionen, die damals immer herrschten, bei uns zum Beispiel in der Hypo-Vereinsbank oder später dann UniCredit, es gäbe Fachkarrieren und da würde man sich so weit entwickeln, das sei gleichgestellt mit den Führungskarrieren. Das hat nie zugetroffen. Es gibt Menschen, die in ihren Bereichen wahnsinnig gut sind. Aber da ist die Hierarchie. Da ist der Aufstieg begrenzt und damit ist, let‘s face it, auch im Regelfall das Gehalt begrenzt und damit das Betätigungsfeld begrenzt. Damit ist auch, ob einem das wichtig ist oder nicht, eine gewisse Machtstellung begrenzt. Die Karriere als Fachkraft funktioniert hier nur bis zu einem bestimmten

Level und insofern ist Karriere mit dem Aufstieg verbunden. Und gleichzeitig, denke ich, sollte Karriere immer verbunden sein mit Freude an dem, was ich da tue. Sowohl sachlich als auch persönlich. Ich würde sogar sagen, ohne Liebe zu Menschen geht es auch nicht. In der Sekunde, wo du eine Führungsfunktion übernimmst, bist du verantwortlich für die Menschen, die mit dir und unter dir arbeiten. Du bist aber auch abhängig von diesen Menschen. Du bist abhängig von der Leistung der Mitarbeiter, aber auch abhängig von dem Feedback und dem Austausch mit diesen Menschen. Und insofern geht es nur mit Menschen. Es gibt immer noch Menschen, die diese Karrieren sehr systematisch trocken angehen oder sich durchboxen. Ohne diese empathische Seite. Mir würde das keine Freude machen, wenn ich da nicht eine gewisse Nähe und Empathie hätte zu meinen Mitarbeitenden. Also insofern ja, es gibt auch noch die anderen. Es sollte allerdings in dieser Phase der Kulturveränderungen nicht der Fall sein. Eine Kulturveränderung kommt durch die jüngeren Mitarbeitenden, die einfach eine ganz andere Ansprache haben möchten, die Mitgestaltung anders einfordern, als es vor 20, 30 Jahren üblich war. Und wer sich diesem nicht stellt als Firma, aber auch als Einzelperson, der hat es sehr, sehr schwer.

KERSTIN: Was sind die drei top Erfolgskriterien für Führung der Zukunft? Ein Kriterium wäre vielleicht Empathie, habe ich rausgehört.

MARTIN: Damit verbunden die Freude an Menschen. Das Zweite ist die Freude am Inhalt. An dem, was ich da tue. Und das Dritte ist die Bereitschaft, Fehler zu machen. Falsche Entscheidungen unter Unsicherheiten können gar nicht falsch sein, weil die Lage einfach anders eingeschätzt wurde. Bei Entscheidungen geht man immer das Risiko ein, im Nachhinein festzustellen, etwas falsch entschieden zu haben und daraus zu lernen. Das ist die Kunst, die eine Führungskraft beherrschen muss.

KERSTIN: Während du dich in deiner Laufbahn zunächst im klassischen Bankgeschäft in den verschiedenen Geschäftsfeldern entwickelt hast, bist du heute selbstständig. »Vermögensbegleitung für Familienunternehmer und Investoren«, individuell und vollkommen unabhängig, bildet das Dach deiner Begleitung. In all den Führungspositionen, die du innehattest, warst du auch mit dem Thema Einstellung von Mitarbeitenden konfrontiert. Das ist ein vollkommen anderes Business als das, was Banken anbieten. Worauf hast du damals geachtet und worauf achtest du heute in der Funktion als selbstständiger Unternehmer?

MARTIN: Das ist ein großer Unterschied von damals zu heute. Heute schaue ich nach Menschen, die mich ergänzen, damit die Talente sich ergänzen. Mir ist wichtig, dass jemand sehr, sehr selbstständig agiert und Lust hat, eigene Entscheidungen zu treffen. Und auch mal Wege zu gehen, die nicht unbedingt abgesprochen sind, andere Ideen einzubringen, zu diskutieren und dann festzulegen, in welche Richtung es geht, oder auch diese beiden Ansätze parallel laufen zu lassen. Also der riesige Mehrwert meiner Funktion heute ist diese brutale Unabhängigkeit gegenüber allen Anbietern und Dienstleistern und einzig und allein dem Kunden und dessen Ideen und dessen Präferenzen unterworfen zu sein. Die große Herausforderung ist, den anderen Menschen wirklich verstehen zu lernen und immer besser zu verstehen, um letztlich für ihn mit seinen Finanzvermögen sowohl auf der Unternehmens- als auch auf der Privatvermögenseite zu gestalten. Und letztlich kommt es primär auf die Dinge an, die dazwischen liegen – zwischen Unternehmensvermögen und Privatvermögen. Die Themen rund um Familie, das heißt Nachfolge, Vorsorge, Thema Notfallplan. Diese Themen sind im Regelfall deutlich wichtiger als die finanziellen Werte im engeren Sinne, ohne die es allerdings auch nicht geht. Insbesondere das Wohlergehen des Unternehmens ist brutal wichtig. Mein Job heute bedeutet, Sicherheit und Vertrauen zu bieten, Sparringspartner zu sein.

Also diese ganzheitliche Begleitung, die ich anbiete, die kann kein Produktanbieter haben, weil dessen Job einfach ein anderer ist. Dessen Job ist zu sehen, wo kann ich dem Kunden etwas Gutes tun und das dann entsprechend umzusetzen. Dieser Unterschied, denke ich, ist wesentlich zu verstehen. In meiner heutigen Funktion heißt das, Menschen zu gewinnen, die die große Fähigkeit haben, Menschen zu lesen und zu interpretieren, was ihnen guttut, und dann entsprechend entlang dieses Weges den Kunden zu begleiten. Früher als angestellte Führungskraft waren die Kriterien anders: Wer kann mir am besten helfen, meine quantitativen oder auch qualitativen Ziele zu erreichen? Wer gewinnt am schnellsten Kunden mit entsprechenden Volumina mit entsprechenden Erträgen? Und wer macht nicht so viele Schwierigkeiten?

Das heißt, in so einem Team von ca. sechs bis zehn Personen, das sind ja so die typischen Teamgrößen mit direkter Führungsverantwortung. Wenn du da ein, zwei hast, die ständig ausbüxen und wieder eine neue Idee einbringen und sich nicht an das halten wollen, was verabredet ist, war das einfach schwieriger. Die Idee, Mitarbeiter zu finden, die so ähnlich ticken wie man selbst, glaube ich, hat sich überlebt. Im Umkehrschluss ist die Fähigkeit, mit unterschiedlichen Menschen umgehen zu können, umso mehr gefragt heutzutage. Vieles verändert sich, was die Generation anbelangt. Das hängt aber auch von der eigenen Persönlichkeit ab, ob du mit solchen Widersprüchen umgehen kannst. Und insofern werden die Kriterien je nach Tätigkeit, nach Persönlichkeitsstruktur und nach Unternehmen sehr, sehr unterschiedlich sein.

KERSTIN: Du redest von den verschiedenen Generationen, und ohne jetzt die Menschen in Schubladen stecken zu wollen, ist es ja so, dass sich mit den Generationen die Wertesysteme und die Ansprüche verändern. Haben Führungskräfte, die das nicht annehmen können und sehr in ihren gewohnten Bahnen funktionieren, nicht eigentlich ausgedient? Oder kommt es aufs Unternehmen an?

MARTIN: Es kommt sehr, sehr stark auf die Kultur des Unternehmens an, was von der Unternehmensspitze vorgelebt und gewünscht wird. Und das sind ja oft zwei unterschiedliche Dinge. Einerseits was ich mir von Mitarbeitenden wünsche, wie Selbstständigkeit, Verbesserungsvorschläge und Persönlichkeitsentwicklung. Und andererseits das, was tatsächlich vorgelebt wird. Es geht auch darum, als Führungskraft an dem eigenen Stuhl festzuhalten. Dazu gehört auch eine gewisse Zähigkeit.

Insofern: Ja, dieses Denken hat sich überlebt. Die Generation, die jetzt zwischen 20 und 30 ist, möchte mit so jemandem nicht zusammenarbeiten. Da geht es um andere Dinge, es geht eher um Sparringspartner, um Augenhöhe. Auch um Erfahrungswerte. Als Mitarbeiter sollte ich akzeptieren, dass da ein Mehrwert entsteht. Aber wenn da eine Führungskraft ist, die nur »die Führungsfunktion« auslebt, inhaltlich vielleicht nicht so auf dem Laufenden ist, aber dieses nicht offen kommuniziert und so einen Schutzschild um sich herum baut, anstatt miteinander zu arbeiten und voneinander zu profitieren, dann ist das schwierig.

Dieser Schutzschild hält in erstaunlich vielen Unternehmen, und so einfach bekommt man auch die Generation der 50- bis 60-Jährigen nicht raus aus so einem Unternehmen. Oft werden solche Menschen von der Unternehmensspitze akzeptiert, um das Know-how zu nutzen. Wohl wissend, dass es dafür in der Mitarbeiterschaft Kompromisse gibt und gegebenenfalls jüngere Menschen die Abteilung oder das Unternehmen verlassen wollen. Denn das ist dann ein anderes großes Führungsthema: Mitarbeiter verlassen Unternehmen im Regelfall nicht wegen des Unternehmens, sondern wegen der Vorgesetzten. Und insofern hat das natürlich massive Implikationen, wenn es Führungskräfte gibt, die nach diesem ganz alten Schema agieren.

Ich schaue gerne auf Start-ups, wie diese am Anfang funktionieren, nämlich weitestgehend unabhängig von Strukturen und Hierarchien. Natürlich gibt es da die Gründer, natürlich gibt es da die, die es antreiben. Aber in der Sekunde, in der sie gewisse Größenordnungen erreicht haben, müssen sie in eine andere Struktur einziehen. Und dann gibt es oft Enttäuschungen, was die Kulturentwicklung anbelangt. Das ist eine neue Herausforderung.

KERSTIN: Hast du eigene Erfahrung mit Assessments gemacht?

MARTIN: Ja, ich habe da zwei große Assessment-Center gemacht. Bis heute habe ich diesen Horror, die Postkorbübung völlig versemmelt zu haben, wo es darum ging, einen Stapel Post so zu sortieren, dass während einer Auslandsreise, während der kein Kontakt möglich ist, alle

Aufgaben erledigt und delegiert werden können. Diese Übung habe ich damals beim ersten großen Assessment-Center völlig verhauen und beim zweiten Assessment habe ich auch eine Übung nicht gut gemacht. Da wurde mir gesagt, dass ich mich bei einer Gruppendiskussion nicht stark genug durchgesetzt hätte, um meine Punkte da einzubringen.

KERSTIN: Und hast du es trotzdem bestanden?

MARTIN: Ja, ich habe bestanden und bekam dann auch die nächste Aufgabe und den nächsten Titel.

KERSTIN: Was war ausschlaggebend dafür, dass du dennoch bestanden hast?

MARTIN: Gerade bei dem Vorwurf, ich hätte nicht mich genügend vorgedrängelt, habe ich auf der anderen Seite die Eigenschaft gezeigt, sehr genau hinzuhören und immer wieder zu versuchen, Themen zusammenzubringen, Vorschläge zu machen und zu hinterfragen, was wirklich gemeint war. Kompromisse zu finden, die uns alle voranbringen. Dieses Zuhören und Eingehen war sicherlich in dem Bereich ein großer Vorteil. Die Postkorbübung selbst war nicht zu kompensieren. Aber da waren es andere Aspekte. Es gab auch 1:1-Gespräche, in denen gefragt war, über die eigene Aufgabe zu reflektieren, es gab die Frage »Was wollen Sie denn in fünf Jahren machen?« bis hin zu impliziten Fragen, aus welchen Werteumgebungen ich komme. Und das hat sicherlich dazu beigetragen, da damals ein Angebot zu erhalten.

KERSTIN: Vielen Dank, Martin!

II. FIT FÜR FÜHRUNG

Führungskräfte prägen das Ergebnis, die Kultur und die Reputation eines Unternehmens. Mit ihnen entscheidet sich die Zukunftsfähigkeit eines Unternehmens. Die Grundlage von Führung ist die Motivation, die hinter dem Wunsch steckt, Führungskraft zu sein. Führungsmotivation bedeutet aber auch, sich in Menschen hineinversetzen zu können und Einfluss auf Menschen sowie die erfolgreiche Gestaltung und Entwicklung eines Unternehmens auszuüben.

Führungs- und Kommunikationswerkzeuge sind ergänzend dazu sinnvoll und wichtig. Aber diese Fähigkeiten laufen ins Leere und entfalten keine Wirkung, wenn die Führungskraft selbst diese Werkzeuge nicht bewusst, zielgerichtet und kompetent einsetzt. Diese Kompetenz ist weniger handwerklicher Natur. Sie entfaltet dann ihre Wirkung, wenn jemand über Selbstkompetenz, das Wissen darum, wie man selbst tickt und kommuniziert, verfügt.

Wie du führst, zeigt, wer du bist! Die wirksamen Führungspersönlichkeiten sind diejenigen, die sich so verhalten, dass ihre Gestaltungs- und Entwicklungsansätze Wirkung entfalten können. Das gelingt den Führungskräften, die sich mit sich und ihrem Führungsverständnis auseinandergesetzt haben. Führung braucht Haltung, eine eigenständige Persönlichkeit und besondere Skills. Diese Skills gehen weit über Führungstools hinaus. Es sind Skills, die dafür sorgen, dass du fit für Führung *und* für die Zukunft von Führung bist. Für eine Zukunft, die Überraschungen und Veränderungen bereithält. Das Kapitel »Fit für Führung« hilft dir dabei, vorbereitet zu sein. Vorbereitet auf das, was kommt.

REFLECT!

Wappne dich für die Führungsherausforderungen der Zukunft.

#7 – NUR WER SICH SELBST FÜHRT, KANN AUCH ANDERE FÜHREN!

Die meisten von uns mögen Veränderungen nicht so besonders. Warum? Einfach weil es bedeutet, dass wir unsere Komfortzone verlassen müssen. Change bedeutet Unsicherheit, Desorientierung, Konfusion, neue Möglichkeiten. Die gewohnte Stabilität wird brüchig. Das ist definitiv raus aus der Komfortzone!

Wenn ich mit Führungskräften darüber diskutiere, wie die Welt sich für sie in den nächsten Jahren entwickelt, wird mir manchmal ganz schwindelig. Die Veränderungen sind kaum vorherzusehen. Die Welt, in der sich Führungskräfte bewegen, ist komplex und voller Überraschungen.

Ob du es magst oder nicht – DAS kannst du nicht ändern.

ABER: Die Art und Weise, wie du auf Veränderungen reagierst, hängt von dir ab. Nimm dir eine Minute und schau mal kurz zurück: Wie sahen dein Job und dein Leben noch vor zwei Jahren aus? Wie ist es heute? Es ist sicher anders. Was genau hat sich verändert? Konntest du genau vorhersehen, wie es sich entwickelt hat? Vermutlich nicht.

Arbeit und Leben verändern sich in einer nie da gewesenen Geschwindigkeit. Du fühlst dich dadurch etwas verunsichert? Verstehe ich. Damit bist du nicht allein. Aber das Beständigste ist die permanente Veränderung. Das ist Fakt. Und Fakt ist auch: Wenn du selbst in den Veränderungen nicht neue Möglichkeiten und Chancen siehst und die Initiative für die Veränderungen in deinem Leben, in deinem Job, in deinem Bereich als Führungskraft ergreifst, dann werden andere das für dich tun.

Möchtest du lieber aktiv verändern oder verändert werden?

Wer willst du sein? Eine Persönlichkeit, die gelenkt wird, oder eine, welche die Zügel in der Hand hat? Und: Wie willst du wahrgenommen werden? Besser als eine Persönlichkeit, die in der Veränderung souverän agiert und führt. Im Gegensatz zu einer Persönlichkeit, die sich von den Ereignissen reagiert wird. Oder wie siehst du das?

Das ist dann möglich, wenn du genau weißt, wie du funktionierst und reagierst.

Das handwerkliche Erlernen von Führungstools reicht nicht. Die Zeiten sind vorbei. Es braucht mehr.

Wenn du weißt, wer du bist und wie du tickst, kannst du erfolgreich sein. Nur dann kannst du gestalten und etwas bewegen. Das gelingt, wenn du dir Zeit für Reflexion nimmst und ganz genau beobachtest, wie du dich konkret in Gesprächen mit Mitarbeitern oder Kunden verhältst, wie du in Krisen reagierst und bei großen Veränderungen. Übernimm die Verantwortung dafür, dich stetig zu entwickeln und zu trainieren. Damit stärkst du permanent deine Leistung, deine Motivation und dich selbst als Persönlichkeit. Nach meiner Erfahrung führen motivierte Führungskräfte mit Leichtigkeit und Spaß und wirken gelassener, souveräner und damit kompetenter.

Das sind viele WENNs. Nun, erfolgreiche Führung ist eben kein Selbstläufer. Es braucht die Fähigkeit, sich selbst zu führen und zu steuern.

»Wenn du führen willst, investiere mindestens 40 % Deiner Zeit in die Führung Deiner selbst.«

Dee Hock, Gründer von Visa

Führung braucht Self-Leadership

Self-Leadership nach Marco Furtner ist die Fähigkeit, sich selbst und damit das eigene Denken, Handeln und Fühlen so zu steuern, dass die selbst gesetzten Ziele erreicht werden können. Und zwar möglichst effektiv, mit einer hohen Leistungsfähigkeit. Das ist grandios: ***Self-Leadership ermöglicht Veränderung und Erfolg!*** Damit wird Self-Leadership zur Basis für aktives und effektives Leadership und wirkt zudem auf dein ganzes Leben.

Einer der Schlüssel zur Selbstführung ist die Selbstbeobachtung. Durch regelmäßige Selbstbeobachtung gewinnst du Wissen über dich selbst. Und damit auch Kontrolle, Selbstwirksamkeit und die Freiheit, Veränderungen selbst aktiv zu gestalten. Selbstführung beginnt also mit einer Selbsteinschätzung und einer Einordnung der eigenen Stärken, Kompetenzen, aber auch der konstruktiven und weniger konstruktiven Verhaltensweisen und Defizite.

Wenn du gut und wirksam führen willst, musst du wissen, wie du tickst. Dazu ist es erforderlich, sich regelmäßig kritisch zu hinterfragen. Das stärkt die Toleranz gegenüber Menschen, die anders ticken. Du lernst deine eigenen Grenzen und vor allem den Umgang damit. Die eigenen Grenzen sind nicht das Problem, sondern der Umgang damit.

Individuelle Freiheit und Eigenverantwortung gehen Hand in Hand. Das eine funktioniert nicht ohne das andere. Bei Führungskräften und in Teams führen sie zu einem ausgeprägten Selbstbewusstsein, einem hohen Selbstwertgefühl, zu Kontrolle und Selbstwirksamkeit. Dicht gefolgt von hoher Eigenmotivation und Leistungsfähigkeit.

Self-Leadership hört sich wie der geheime Schlüssel zum Glück an – oder auch wie die Lösung für eine Führungswelt voller Unsicherheit und Komplexität. Und tatsächlich ist es das auch.

Nur wer sich selbst führt, kann andere führen und in so einer Führungswelt Sicherheit ausstrahlen.

Werfen wir noch mal einen Blick auf Ben: »Der Kandidat ließ nicht erkennen, dass er sich mit sich selbst auseinandergesetzt hat«, war die Beobachtung. Das Ende des Auswahlverfahrens. Ben bekam DIESEN Job nicht. Später dann hat Ben sich dieses Konzept zu eigen gemacht. Heute weiß er, dass Self-Leadership zum Gamechanger für ihn wurde. Denn Selbstbewusstsein, Motivation und Selbstwertgefühl muss eine Führungskraft vermitteln. Kurz: Souveränität. Genau wie ein Kandidat in einem Führungsassessment.

Self-Leadership liegt eine eigenverantwortliche und reflektierte Lebenshaltung zugrunde.

Wenn du dich mit den Fragestellungen »Wer bist du?«, »Was kannst du?« sowie deinen Stärken und Schwächen auseinandergesetzt hast, ist der Grundstein bereits gelegt. Ich empfehle dir, regelmäßig die Vogelperspektive einzunehmen und dich zu fragen: Passt das, was ich gerade tue, zu meinen Zielen? Ist es gut? Passt es zu mir? Komme ich so meinem Zukunftsbild näher? Bin ich authentisch und echt? Wen könnte ich nach Feedback fragen? Was will ich ab sofort anders machen?

Erst wenn du dich selbst führen kannst, wirst du auch andere erfolgreich führen können. Die gute Nachricht: Jeder kann das lernen und trainieren.

NIMM'S MIT

Selbstbeobachtung ist der Schlüssel zur Selbstführung. Bewährt hat sich eine abendliche Reflexion. Fünf Minuten reichen dafür. Ich nehme mir die Zeit, bevor ich schlafen gehe, und notiere mir meine Erkenntnisse kurz in einem kleinen Büchlein. Es ist spannend zu sehen, wie ich mir Stück für Stück selbst auf die Spur komme. Meine länger- und mittelfristigen Ziele reflektiere ich alle drei Monate. Falls du denkst, dass du keine Zeit dafür hast, lass' dir sagen, dass alle erfolgreichen und effektiven Führungskräfte sich diese Zeit nehmen, um unter die eigene Oberfläche zu blicken und Entscheidungen in Ruhe zu Ende zu denken. Das ist nicht verhandelbar. Das muss nicht zeitaufwendig sein. Nimm dir kurz Zeit und fixiere die Termine in deinem Kalender zu. Fertig.

WAS BRINGT'S FÜRS AUSWAHLVERFAHREN?

In Krisen und unerwarteten Situationen zeigt sich letztlich, wie stabil jemand steht. In jedem Auswahlverfahren gibt es unerwartete, herausfordernde Aufgaben und Situationen. Für die Entscheidung spielt es eine Rolle, wie jemand als Führungskraft auf Herausforderungen, die neu und unbekannt sind, reagiert. Es spielt eine Rolle, wie jemand auf ungewöhnliche Fragen reagiert. Echte, authentische Souveränität erlebe ich bei Kandidaten, die nicht nur reflektiert, sondern in der Lage sind, sich selbst infrage zu stellen und dennoch bei sich bleiben.

Als Kick-Start empfehle ich dir Folgendes: Notiere dir drei Situationen, die dich regelmäßig triggern oder die dich aus der Haut fahren lassen. Wie reagierst du? Wie würdest du lieber reagieren?

Notiere dir außerdem drei Erlebnisse, mit denen du nicht gerechnet hattest. Wie hast du reagiert? Wie würdest du lieber reagieren?

LIES MAL WIEDER!

Dr. Oliver Haas: CORPORATE HAPPINESS als Führungssystem: Glückliche Menschen leisten gerne mehr

Oliver Haas stellt in seinem Buch den Menschen in den Mittelpunkt seiner Überlegungen. So klar Führung doch mit Menschen zu tun hat, so außergewöhnlich ist seine Sichtweise im Businesskontext. Glückliche Mitarbeiter sind erfolgreicher. Und nicht andersherum! Es ist ein Trugschluss, dass erfolgreiche Mitarbeiter glückliche Mitarbeiter sind. Es ist kein naives Buch, es hat Substanz und nimmt auch Krisen, das Privatleben, das persönliche Wohlergehen, die Gesellschaft in den Rundumblick. Glücklicherweise weist Oliver Haas den ökonomischen Nutzen nach, sodass auch die eher zahlen-daten-faktenorientierte Menschen auf ihre Kosten kommen. Gleichzeitig bleibt es durch die vielen Beispiele und die Geschichte einer Führungskraft auf der Suche nach dem Glück lebendig. Dazu kommt, dass sehr viel Wert gelegt wird auf die Umsetzung. Glück in der Theorie würde auch niemanden richtig happy machen.

KURZIMPULS

Das Mindset eines Selfleaders

Jemand, der lernt, sich selbst zu führen, reflektiert sich stark selbst und entwickelt Stück für Stück eine andere Haltung zum Umgang mit sich und mit anderen. Das braucht ein anderes Mindset.

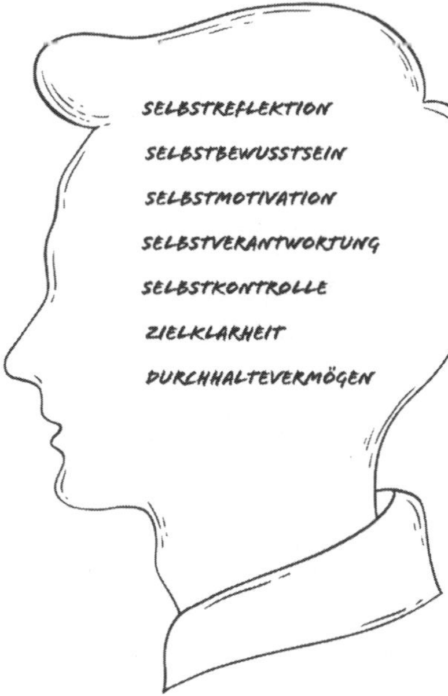

Warum meistern manche Menschen ihre Führungsrolle mit Leichtigkeit, gleichgültig, welche Turbulenzen und Überraschungen sich auftun?

»Eine gute Führungskraft ist man oder ist man nicht«, hörte ich neulich. Wenn über meinem Kopf eine Gedankenwolke hätte entstehen können, wäre sie voller Fragezeichen gewesen. Diese Auffassung teile ich nicht. Bei manchen Menschen sind einzelne persönliche Facetten, die eine »gute« Führungskraft ausmachen, ausgeprägter. Manches fällt ihnen einfach leichter. Aber jemand, der sich nicht ausdrücklich mit sich und seiner Wirkung als Führungskraft auseinandersetzt, wird auf Dauer den schnell wachsenden Herausforderungen und der Führung von Menschen nicht gewachsen sein.

Aber was macht eine »gute« Führungskraft aus? Was macht den Unterschied?

Ich halte nicht viel davon, die Qualität von Führungskräften über Führungsstile zu definieren. Auch habe ich die Erfahrung gemacht, dass nicht allein das Erlernen von Führungstechniken zum Führungsglück führt.

Wie häufig habe ich erlebt, dass die beste Fachkraft zur Führungskraft gekürt wurde. Warum eigentlich? Ist die beste Fachkraft automatisch die beste Führungskraft? Wohl nicht. Die Erfahrungen aus dem Alltag von Unternehmen sprechen eine andere Sprache. Die Karriereanker nach Edgar H. Schein ebenso.

Dennoch sitzt man immer wieder diesem Irrglauben auf: Unvorbereitet und ohne Ausbildung werden aus Mitarbeitenden von jetzt auf gleich Führungskräfte. Mit voller Verantwortung für Menschen. Dabei sind Mitarbeitende das wichtigste Kapital vieler Unternehmen. Und im Moment sind sie Mangelware. Studien legen immer wieder den Finger in die Wunde: Der häufigste Kündigungsgrund ist der Chef.

Die erfolgsverhindernden Themen, die mir in den letzten Jahren in den Unternehmen begegnet sind, ähneln sich. Viele Anpassungsnotwendigkeiten haben zu Umsetzungsstaus geführt. Führungskräfte sind operativ stark eingebunden. Zeit ist ein ständiges Problem.

Der Tag hat nur 24 Stunden, selbst wenn man die Nacht dazu nimmt. Die strategischen Ziele bleiben auf der Strecke und werden von externen Einflüssen überholt. Führung ebenso.

Das rasante Tempo der letzten beiden Jahre, in dem sich ein neues Normal entwickelt hat, das fast täglich von neuen Gegebenheiten und Entwicklungen übertroffen wurde, bringt Führungskräfte und mit ihnen ihre Teams und letztlich die ganze Organisation an ihre Grenzen.

Es scheint mir, als würden alle Kräfte und Energien von akuten und operativen Themen absorbiert. Für Entwicklung, Wachstum und Innovation ist kaum Zeit. Ihrem eigenen Anspruch, etwas zu bewegen und gemeinsam das Unternehmen stabil und zukunftsfähig aufzustellen, werden Führungskräfte häufig nicht gerecht. Sie fühlen sich nicht wirksam. Das ist kein schönes Gefühl.

Welche Eigenschaften und Fähigkeiten brauchen Führungskräfte, damit sie auch in Zukunft ihre Führungsrollen ausfüllen können?

Ich habe zusammengetragen, welche Schlüsselkompetenzen nach meiner Erfahrung für wirksame Führungskräfte der Zukunft erforderlich sind. Diese Erfahrungen habe ich in den letzten zwei

Jahren noch einmal geschärft und angepasst. Diese Skills sind aus der Praxis für die Praxis! Sie entfernen sich zum Teil vom Mainstream, stärken sich gegenseitig und sind alle erlernbar. Am Ende zahlen sie alle ein auf das Wirken und Handeln einer souveränen Führungspersönlichkeit.

1. Authentizität & Self-Leadership

Authentizität ist in aller Munde. Aber was ist Authentizität? Wer authentisch ist, ist »echt«, ein Original, verrät sich selbst nicht. Wer authentisch ist, nimmt keine aufgesetzten Rollen an und ist sich seiner bewusst. Zwischen dem inneren Erleben und der äußeren Wirkung herrscht Harmonie. Es ist für das Gegenüber spürbar und erlebbar, wenn jemand »stimmig« wirkt. Dadurch entsteht Sicherheit. Wer authentisch ist, hält, was er verspricht. Je mehr wir an uns arbeiten, desto mehr werden wir zu dem, was wir versprechen zu sein.

Im Gegenzug entsteht ein komisches Gefühl, wenn Unstimmigkeit spürbar ist. Eine Führungskraft, die dieses Gefühl auslöst, erzeugt weder Glaubwürdigkeit noch Präsenz. Es wird ihr schwerfallen, sich nach ihren Werten auszurichten und zu handeln.

Leichter gesagt als getan. Denn wer authentisch sein möchte, muss sich selbst gut kennen. Eigenbewusstsein ist gefragt. Und verstehen, warum wir wie agieren, reagieren, was uns ausmacht und uns triggert.

Wer sich in seinen mentalen Herausforderungen nicht selbst reflektieren und führen kann, sollte die Führung anderer Menschen besser lassen. Dazu ist Self-Leadership der Schlüssel. Es findet Antworten auf die Fragen »Wer bin ich?«, »Was will ich?« und »Wie kann ich die gesteckten Ziele erreichen und gleichzeitig bei mir bleiben?«.

In einer Welt, in der sich von jetzt auf gleich Grundlegendes ändert, die schwer durchschaubar und übervoll mit Informationen ist, braucht es bewusste Führungspersönlichkeiten. Eine Führungskraft, die Klarheit ausstrahlt und berechenbar ist, wirkt wie Balsam auf die Seele und der Fels in der Brandung, der Zuversicht und Ruhe ausstrahlt. Sie muss nicht zu jeder Zeit genau wissen, was zu tun ist, aber flexibel komplexe Situationen erfassen und objektiv auf sie reagieren können. Authentische Führungskräfte dürfen sich erlauben, auch mal Zweifel zu haben, aber gleichzeitig die Zuversicht vermitteln, dass man es gemeinsam schaffen wird. Es gibt nicht viele Menschen, die diese innere Stabilität und Unabhängigkeit entwickelt haben und bei sich bleiben, wenn alle anderen außer sich sind. Das kann niemand vortäuschen.

Im Übrigen ist es sehr befreiend, sich seiner selbst bewusst zu sein und damit die Spielchen mit anderen Menschen einfach lassen kann und sich um Führung, also die Belange der anderen zu kümmern.

Kurz gesagt: Führung beginnt bei dir.

2. Empathie

Wenn ich über Empathie rede, spüre ich förmlich das innere Augenrollen. Rollst du ebenfalls gerade mit den Augen, weil du das Thema als Führungsskill für überbewertet hältst?

Erstaunlich selten wird Führung mit Verbindung und Bindung zu Menschen erklärt. Es fallen Worte wie leiten, anleiten, vorangehen usw. Aber dass es auch um die Verbindung mit Menschen geht, habe ich in meinen Gesprächen noch nie gehört.

Um diese Verbindung herzustellen, brauchen Menschen ein gewisses Maß an Empathie, die Fähigkeit, sich in andere Menschen hineinzuversetzen und einzufühlen. Empathie macht erst möglich, andere Menschen wahrzunehmen und von ihnen wahrgenommen zu werden. Menschen sind keine Personalnummern und auch keine Gewinngenerierungsmaschinen. Wenn die Würde des Menschen nicht nur ein theoretisches Konstrukt sein soll, sondern selbstverständlich, ist Empathie unabdingbar. Wie sonst sollen Zusammenarbeit, Zusammenhalten in Krisen und Verbundenheit funktionieren?

Aktiv zuhören und zwischen den Zeilen lesen sind Voraussetzung für Empathie und Fähigkeiten.

Nicht jeder Mitarbeiter wird immer aussprechen können und wollen, was ihn bewegt. Verabschiede dich von der Idee, der Mensch sei ein rational handelndes Wesen. Unsere Entscheidungen laufen zu über 95 % unterbewusst ab. Unsere Gefühle, Gedanken und unser Verhalten bedingen einander. Emotionale Themen unter den Tisch zu kehren, nützt nichts. Sie sind trotzdem da.

Was ist infolgedessen ein Team? Ein Team ist eine Gruppe emotionaler Wesen. Ich halte das für einen sehr sympathischen Gedanken. Als Führungskraft kannst du nur dann erfolgreich sein, wenn du dich in Menschen hineinversetzen kannst. Es ist wichtig, ihre Probleme und ihr Verhalten nachvollziehen zu können. Das bedeutet nicht gleichzeitig, dass du dieses Verhalten auch billigend in Kauf nimmst. Die Voraussetzung dafür ist deine EINSTELLUNG! Deine Einstellung und deine Grundhaltung gegenüber Menschen. Eine empathische Begegnung mit Menschen braucht eine unvoreingenommene Haltung, denn Haltung beeinflusst Verhalten. Wenn du auf Menschen zugehst und deine eigenen Gefühle unbefangen erst einmal beiseitelässt, strahlst du ein tiefes, ehrliches Interesse am Menschen aus. DAS ist die Voraussetzung, um Probleme und Herausforderungen aufzulösen!

Wen es beruhigt: Empathie hat durchaus ein kognitives Element. Die Fähigkeit zu erkennen, in welchem Zustand sich eine andere Person befindet, und diese zu verstehen, ist der kognitive Teil von Empathie. Die Emotionen dieser Person nachzuempfinden, ist der affektive Teil von Empathie.

3. Werteklarheit

In den letzten Jahren ist mir in Gesprächen und Diskussionen mit meinen Unternehmenskunden immer mehr aufgefallen, dass die »klassischen« Entscheidungsmechanismen nicht mehr funktionieren. Wie auch? In Situationen, die vollkommen neu und komplex sind, suchen wir vergeblich nach Referenzerfahrungen.

In Situationen, in denen es mehrere Meinungen und Lösungen gibt und die viel zu komplex sind, um sie mit allen Konsequenzen zu Ende denken zu können, brauchen wir Orientierung. Werte geben diese Orientierung. Sie weisen uns darauf hin, ob wir etwas gut oder richtig finden. Werte resultieren aus BeWERTungen. Leichter gesagt als in der Führung eingesetzt. Was dem Einen gut oder richtig erscheint, kann von einer anderen Person als falsch bewertet werden. Werteklarheit als Führungskraft hat verschiedene Dimensionen: die ganz persönlichen Werte als Führungskraft, das Werteverständnis des Unternehmens und die Werte eines jeden einzelnen Mitarbeiters. Die gemeinsame Arbeit und das Fällen von Entscheidungen brauchen gemeinsame, geteilte Werte. Das fordert eine Führungskraft mit einem klaren, persönlichen Werte- und Führungsverständnis. Hier sind offene Dialoge, sich auf andere Meinungen einlassen bei gleichzeitiger persönlicher Positionierung gefragt. Und die Bereitschaft, die eigenen Werte in die Perspektive der Unternehmenswerte zu stellen und daran anzudocken.

4. Konsentfähigkeit

Die harmoniebedürftige Seite in mir liebt den Konsens. Ist es nicht herrlich, endlich ein Thema vom Tisch zu haben und alle Anwesenden ins Boot geholt zu haben? Für den Moment ja. Langfristig betrachtet? Nein, eher nicht.

Was bedeutet es, einen Konsens zu finden? Alle kommen zu Wort, sämtliche Widerstände werden gehört und möglichst aufgelöst. Die Lösung ist voller Kompromisse und wachsweich. Das Thema ist nur scheinbar gelöst.

Konsent funktioniert anders. Ist es nicht häufig so, dass neue Ideen mit leeren Äußerungen vom Tisch gewischt werden? »Das werden die Kunden so nicht akzeptieren« oder »Das hat früher auch schon nicht funktioniert« sind typische Reaktionen. Typisch, aber substanzlos. Für die Konsentfindung gelten Regeln, die genau das verhindern. 08/15-Bedenken werden nicht akzeptiert. Jeder darf seine Argumente gegen eine Idee vorbringen. Die Einwände müssen begründet sein, werden bewertet und fließen in die Entscheidungsfindung ein.

Konsentfähigkeit zu entwickeln ist viel mehr als eine Fähigkeit. Es bildet ein Führungs- und Kommunikationsverständnis ab, das hochwirksam ist und auf das Wirksamkeitskonto von Führungskraft und Team einzahlt.

5. Growth Mindset

Nur etwa 15 % der Fach- und Führungskräfte denken so flexibel und dynamisch, dass sie in der Lage sind, in ihrer Organisation Veränderung und Innovationen zu ermöglichen. Das haben William Torbert und David Rooke in einer Studie herausgefunden (https://hbr.org/2005/04/seven-transformations-of-leadership, abgerufen am 21.03.2022). 85 % der Fach- und Führungskräfte sind also in ihrer Art und Weise zu denken nicht für die Anforderungen der Zukunft gewappnet. Das Mindset, was ich als Voreinstellung der Art des Denkens verstehe, ist wichtig für die eigene Entwicklungsfähigkeit.

Wie ein flexibles und dynamisches Mindset, das *Growth Mindset*, auf dein persönliches Wachstum als Führungskraft wirkt, habe ich in Kapitel #11 reflektiert. Die Kraft des *Growth Mindset* entfaltet sich voll, wenn es auch innerhalb des Unternehmens wirken kann. Würdest du das *Growth Mindset* ausschließlich auf deine persönliche Entwicklung beziehen, würde es mehr oder weniger wirkungslos. Stell dir vor, was passiert, wenn dein *Growth Mindset* auf ein *Fixed Mindset* in deinem Team oder im Unternehmen trifft. Du würdest vor Mauern rennen, denn so ein *Fixed Mindset* kann sehr stabil sein. Im Unterschied dazu ist es das *Growth Mindset*, das darüber entscheidet, ob ein Unternehmen wächst und gedeiht, Innovationen zulässt, auf veränderte Bedingungen reagiert und sich eine konstruktive Fehlerkultur nutzbar macht.

Das Mindset wirkt mehrdimensional:
1. auf die eigene Persönlichkeit
2. auf die einzelnen Mitarbeiter
3. auf die Kultur

Deine Aufgabe als Führungskraft ist es, unablässig *Growth Mindset* zu säen, damit das Unternehmen eine Zukunft hat. An Herausforderungen wachsen, dazu lernen und eine innere Sicherheit entwickeln, um dem gewachsen zu sein, was da kommt. Das ist eines der existentiellsten Themen eines jeden Unternehmens.

6. Netzwerken und Sichtbarkeit

Ich habe mich geirrt. Ich dachte lange, dass Netzwerken überall angekommen und ein selbstverständlicher Bestandteil des Führungsalltags ist. Das stimmt nicht. Je nach Persönlichkeit und Fachbereich ist das Thema als wichtiger Treiber noch nicht bei jedem angekommen. Was aber ist daran so wichtig oder gar neu? Nun, es ist nicht neu. Aber es noch wichtiger geworden.

Netzwerken erfolgt in mehreren Dimensionen – unternehmensintern, innerhalb der Branche, extern in fremden Branchen und übergreifend in digitalen Netzwerken.

In diesem deinem persönlichen Netzwerk werden Neuigkeiten und Empfehlungen ausgetauscht, Herausforderungen diskutiert, Meinungen gebildet, Positionen vergeben, Trends frühzeitig thematisiert und Türen geöffnet. Türen zu Problemlösern, erfolgsrelevanten Themen oder auch für neue Mitarbeitende und Jobs. ***Leistung + Persönlichkeit + Networking = Erfolg*** – so könnte ich es auch beschreiben.

Der Austausch mit anderen Menschen über Fach-, Führungs- und Zukunftsthemen ist unbezahlbar. Es gibt einen Grund, aus dem manche Menschen anscheinend immer schon VORHER Bescheid wissen und reagieren, warum sie ihre Probleme immer schneller gelöst haben und immer jemanden aus dem Ärmel schütteln können, wenn es eng wird. Nur mit einem guten Netzwerk ist es möglich, in allen Themen am Puls der Zeit zu bleiben. Deswegen ist Netzwerken ein Futureskill. Es ist schlicht nicht möglich, in dem sich immer schneller drehenden Rad der Veränderung, den Überblick zu behalten. Ein funktionierendes Netzwerk hilft dir dabei! Sofern du als Persönlichkeit erlebbar und sichtbar bist und etwas in dein Netzwerk zurückgibst.

Überdies hilft das interne Netzwerken ungemein, bereichsübergreifend durch die Gesamtunternehmensbrille zu blicken. Wenn du nie aus deinem Silo oder deiner Hütte herauskommst, agierst du an den brennenden Themen deiner Mitarbeiter, der Kunden und des Unternehmens vorbei. Und wirst so zu einer wirkungslosen Führungsperson. Wer will das schon?

Die große Kunst ist das nachhaltige Netzwerken. Es geht hier um die Echtheit und ums Dranbleiben. Es nützt nichts, mit jemandem mal kurz in Kontakt gewesen zu sein und die (virtuelle) Visitenkarte einzustecken. Der Kontakt muss warm und persönlich gehalten werden. Eine Mail macht noch kein Netzwerk.

Geben ist seliger als nehmen. In einem Netzwerk, das in Bewegung ist, kommt alles wieder zurück!

7. Empowerment

Auf eins kann ich mich verlassen: In jeder Diskussion über Strategie, Führung, Change oder Neubesetzung kommen sie irgendwann auf den Tisch – die Motivation und Personalentwicklung von Mitarbeitenden. Warum Mitarbeiter nicht motiviert und eigenständig genug sind und wie sie zu motivieren seien, sind Fragen, die Führungskräfte umtreiben.

Die Welt hat sich verändert. Wer auf Zuckerbrot und Peitsche setzt, läuft ins Leere. Und der Spruch »Man kann Mitarbeiter nicht motivieren, nur demotivieren« ist zwar pointiert, hilft aber nicht für die Praxis.

Es geht um mehr als Motivation und Personalentwicklung in der Arbeitswelt des 21. Jahrhunderts! Es geht darum, die Menschen zu ermächtigen und zu befähigen, autonom zu handeln. Die Fähigkeiten der Menschen sollten zielgenauer eingesetzt werden, um die Dynamiken im Unternehmenskosmos meistern zu können und Mitarbeitenden entsprechend ihren Potenzialen erfülltes Arbeiten zu ermöglichen. Transparente Kommunikation, Information, Orientierung, Leitplanken, Qualifikation, Vertrauen und deutlich größere Freiheitsgrade für Mitarbeitende zahlen genau darauf ein. Empowerment ist das Stichwort. Im Deutschen haben wir kein Wort, das den Kern von Empowerment trifft. Führungskräfte brauchen ihre Mitarbeitenden, um erfolgreich sein zu können. Erfolgreiche Führungskräfte des 21. Jahrhunderts brauchen Mitarbeitende, die Verantwortung übernehmen, eigenverantwortlich handeln und die Entscheidungsspielräume nutzen, die sie haben. Wirksame Führungskräfte wissen das. Aber haben auch alle die Bedeutung dahinter vollkommen erfasst und integriert? Es geht in vielen Bereichen nicht mehr darum, Mitarbeitende unmittelbar zu führen, sondern bei ihnen ein tiefes Verständnis für die gemeinsamen Ziele und die Unternehmensphilosophie zu entwickeln. Diese Bewusstseinsentwicklung ist der Schlüssel für Mitarbeitende, die eigenverantwortlich und sinnerfüllt agieren.

Dieser Ansatz funktioniert nicht in jedem Unternehmen in gleichem Maße. Mitarbeitende, die gestern stark weisungsgebunden denken und handeln mussten, können nicht heute eigenverantwortlich weitreichende Entscheidungen treffen. Es ist ein Prozess.

Daniel H. Pink hat drei Schlüssel für Empowerment identifiziert:

Autonomie

Selbstbestimmung – als Mitarbeitende zu den eigenen Bedingungen arbeiten. Mitarbeitende bekommen die Freiheit, selbst Entscheidungen zu treffen.

Mastery

Der einzelne Mitarbeiter wird zum Meister seines Wirksamkeitsfeldes und steuert sich selbst. Es geht hier um die persönliche Exzellenz im Job, aber auch im Leben. Die deutsche Übersetzung benutzt den Begriff Perfektionierung. Mastery trifft das, worum es geht, deutlicher.

Purpose

Die Sinnhaftigkeit der täglichen Arbeit motiviert nicht nur zu Höchstleitungen, sondern auch dranzubleiben, wenn es nicht läuft. Mehr als das Gehalt, der Bonus oder Incentives.

Die positive Nebenwirkung von Empowerment ist, dass ***Change*** eine ganz neue Qualität bekommt. Die erfolgreiche Vermittlung von Sinn und Perspektive ist eine der wichtigsten Zutaten für Akzeptanz und damit für das Gelingen von Veränderungen. Empowerment schafft die Voraussetzungen dafür schon unter »Normalbedingungen«.

8. Strategische Kompetenzen

Ebenfalls im Kompetenzfeld Führung liegt das strategische Denken, das automatisch die Kultur und die Mitarbeitenden einbezieht. Nachhaltig erfolgreiche Führungskräfte sind nach meiner Erfahrung die, die strategisch denken und umsetzen können. Warum? Weil es *das* kritische Erfolgskriterium für die Zukunft eines Unternehmens ist. Es bedeutet, vorausschauend zu denken und zu handeln, wichtige Trends für sich einordnen zu können und mit einer Mischung aus rationalen, systematischen und intuitiven Kompetenzen die Zukunft vorzudenken. Ohne dabei den vernetzten, ganzheitlichen Blick von außen nach innen und von innen nach außen zu verlieren, aber permanent zu reflektieren, was die strategische Ausrichtung und die strategischen Entscheidungen für die Mitarbeitenden bedeutet und welchen Move man mit ihnen erfolgreich gestalten kann.

Du denkst, Strategie sei nur was für Vorstand, Geschäftsführung und all die Menschen, deren Titel mit C beginnt? Weit gefehlt. Du unterschätzt die Bedeutung eines jeden Einzelnen im Unternehmen. Als Führungskraft solltest du mindestens für den eigenen Aufgabenbereich zukunftsgerichtete Ideen haben, die in die Unternehmenswelt und zur Gesamtstrategie passen und an die Einflüsse andocken, die von außen kommen. Meine persönliche Meinung ist, dass Strategiearbeit mit einer bunten Mischung von Mitarbeitenden aus allen möglichen Aufgabenbereichen am besten funktioniert.

9. Unsicherheitskompetenz und emotionale Stabilität

Wir alle werden jeden Tag mit Situationen konfrontiert, die komplex, kaum zu durchschauen und sogar widersprüchlich sind. Das betrifft Führungskräfte in besonderem Maße. Entwicklungen und Ereignisse scheinen weniger prognostizierbar und insofern herausfordernder. Wie verhält man sich, wie entscheidet man sich in Situationen, die neu sind und vorher noch nie so aufgetreten sind? Das Verlangen, klare und eindeutige Antworten zu finden und so die entstandene Irritation aufzulösen, ist hoch. Vor allem dann, wenn man ohnehin gestresst ist und unter Druck steht. Der Wunsch nach definitiven, möglichst einfachen Lösungen ist nachvollziehbar, gleichzeitig aber unmöglich.

Emotionale Stabilität und Belastbarkeit als Gegengewicht sind wichtig, um einerseits keine vorschnellen Entscheidungen unter Druck, Angst, Stress oder auch Müdigkeit zu fällen und andererseits, um überhaupt eine Entscheidung fällen zu können. An einem gewissen Punkt muss man damit ins Reine kommen, dass es die eine definitive, richtige Antwort nicht geben kann – allein schon deswegen, weil in die Entscheidungsfindung nie alle relevanten Informationen einfließen können. Andernfalls werden nicht nur Entscheidungen nicht gefällt, der Einfluss auf den Rest des Lebens ist enorm. Wer nie abschalten kann, sich wegen (möglicher) falscher Entscheidungen grämt und immer wieder alle Szenarien und offenen Punkte in seinem Kopf Karussell fahren lässt, kommt nicht zur Ruhe und entlastet weder den Kopf noch den Körper. Dauerstress ist die Folge

10. Führung braucht ein Gesicht

Ich bin immer wieder leicht irritiert. Dennoch begegnet es mir immer wieder: Ein Kulturverständnis, das als Arbeitsanweisung im Intranet veröffentlicht wird. Ein großer Strategiewechsel, der zu einem Memotext degradiert wird. Oder eine mögliche Fusion, von der die Mitarbeitenden aus der Zeitung erfahren. So wird das nichts!

Es liegt auf der Hand, dass die Mitarbeitenden eines Unternehmens auf diese Weise nicht zu Raving Fans ihrer Führungskräfte werden.

Wer als Mensch erlebbar, sichtbar und ansprechbar ist, kann Menschen für sich gewinnen. Orientierung geben und Leitplanken setzen, Antworten finden, den Rücken stärken und freihalten, Freiraum geben und nach hinten absichern. In der digitalen Welt ist die persönliche Erlebbarkeit vielleicht wichtiger denn je, weil sie nicht mehr so selbstverständlich ist. Insbesondere in Krisenzeiten sind Persönlichkeiten gefragt, die Führung ein Gesicht geben, auf das man sich verlassen kann. Nichts bringt uns Menschen mehr aus dem Tritt als Unsicherheit. Ich habe es damals in der Konzernzentrale erlebt. Als unklar war, was passieren würde, haben die Kollegen jeden Tag Stunden damit verbracht, über die Zukunft zu spekulieren. Das war sehr energieraubend.

Nehmen wir Cawa Younosi, HR Director Germany von SAP, als Beispiel. Er ist so präsent bei LinkedIn, dass ich ihn als erlebbar und als sichtbar empfinde, obwohl ich ihn noch nie persönlich getroffen habe. Und als absolut authentisch. Die Medien lieben ihn dafür. Ich habe in den letzten Wochen so viel von ihm gelesen, dass es sich anfühlt, als würde ich ihn persönlich kennen. Ich nehme ihm jedes Wort ab, das er sagt oder schreibt. Ohne Vorbehalte. Es ist nach außen vollkommen klar, wofür er steht. Ich gehe automatisch davon aus, dass er nach innen ebenfalls vollkommen authentisch wirkt. Führung und HR bei SAP haben durch ihn ein Gesicht bekommen. Mehr noch. Er ist zu einer Personal Brand geworden, die jedem neben ihm Raum und Wertschätzung lässt und auf SAP als Arbeitgeber ausstrahlt.

Um Führung ein Gesicht zu geben, musst du es auf LinkedIN und in der Presse nicht mit Cawa Younosi aufnehmen. Wichtig ist erst einmal, nach innen sichtbar zu sein und für etwas zu stehen. Aus Haltung, Verbindlichkeit und Verlässlichkeit entsteht Verbundenheit. Man bringt dich dann mit bestimmten Themen in Verbindung. Wenn du es dann noch schaffst, nach außen präsent zu sein und als Person für etwas zu stehen, ist das ein unschätzbarer Wert für deine Wirksamkeit als Führungskraft und deine persönliche Entwicklung. Denn so wirst du nahbar und erlebbar. ***Menschen folgen Menschen***.

NIMM'S MIT

Sicher fragst du dich jetzt, wie fit du schon für die Zukunft als Führungskraft bist. Bewerte einfach für jeden Führungsskill auf einer Skala von 0 bis 10, wo du stehst. In deinen Reflexionsrunden nimmst du dir dann nach und nach die Skills vor, reflektierst sie und entwickelst sie. Wann du damit fertig bist? Vermutlich niemals. Du wirst immer etwas unternehmen können, was dich noch mehr wirken lässt.

WAS BRINGT'S FÜRS AUSWAHLVERFAHREN?

In Auswahlverfahren geht es immer um die Zukunft! Gibt es eine Basis für eine zukünftige Zusammenarbeit? Ist jemand in der Lage, die Herausforderungen der Zukunft zu stemmen? Ab 2020 sind Situationen eingetreten, die für die meisten von uns unvorstellbar waren. Wir konnten uns nicht darauf vorbereiten. Wir konnten nur feststellen, wie unvorbereitet wir waren. Die Führung von heute und morgen muss dem gerecht werden. Altes funktioniert nicht mehr. Es geht darum, sich so aufzustellen, dass du in der Lage bist, auch mit dem, was du dir niemals hättest vorstellen können, souverän umzugehen. Das passiert nicht von selbst. Aber du kannst daran arbeiten und genau das bei potenziellen neuen Arbeitgebern ausstrahlen! Transportierst du in den Verfahren, dass du Stellung beziehst, Entschlossenheit ausstrahlst und weder die Menschen noch die ökonomischen Belange deines Bereichs aus dem Auge verlierst, bist du alles, außer gewöhnlich. Wofür stehst du und welche Themen treibst du voran? Woran denken anderen, wenn sie deinen Namen hören oder dein Gesicht sehen?

LIES MAL WIEDER!

Self-Leaderhip – the definitive guide to personal excellence – Christopher P. Neck, Charles C. Manz, Jeffery D. Houghton

Dieses Buch ist für mich das Standardwerk zu Self-Leadership. Bislang gibt es noch keine deutsche Übersetzung, aber es lohnt sich. Das Buch setzt auf dem Prinzip auf: »First learn to lead yourself, and you will then be able to effectively lead others.« Den Lesern wird ausführlich erklärt, wie und warum Self-Leadership funktioniert. Die können die verschiedenen Strategien erlernen, auf sich selbst oder ihre Führungsaufgabe beziehen. Dabei geht es um die Person selbst. Jeder kann im Privatleben und im Job davon profitieren.

Self-Leadership: Praxis und Anwendung (essentials) – Marco Furtner

Einen schnelleren Einstieg ins Thema bietet dieses Buch von Marco Furtner. Er bringt auf den Punkt, worum es bei Self-Leadership geht, und stellt die einzelnen Self-Leadership-Strategien vor. Der Bezug auf Charles C. Manz und seine Forschung ist immer wieder gegeben. Auch hier haben nicht nur Führungskräfte einen Nutzen. Self-Leadership führt auch zur Steigerung der körperlichen und mentalen Leistungsfähigkeit in allen Lebensbereichen.

KURZIMPULS

Fit for Future – Führungsskills

1. ***Authentizität und Self-Leadership***

Wenn du weißt, wer du bist, kannst du erfolgreich sein. Wer andere führen will, sollte erst mal sich selbst führen. Das ist dein Fundament für Führung.

2. ***Empathie***

Gehe und bleibe in Kontakt mit Menschen. Mit einer offenen und unvoreingenommenen Haltung. So entstehen Verbundenheit und Vertrauen als wichtige Bausteine für die Bindung von Mitarbeitern und das Lösen aller Konflikte und Herausforderungen untereinander.

3. ***Werteklarheit***

Deine Werte leiten dein Handeln und bestimmen, was richtig und was falsch ist. Wertekonflikte sind häufig der Grund hinter dem sichtbaren Konflikt oder der Kündigung. Kenne deine Werte und die deiner Mitarbeiter!

4. ***Konsentfähigkeit***

Konsent statt Konsens führt zu substanziellen Entscheidungen und gleichzeitig wertschätzender Kommunikation.

5. ***Growth Mindset***

Die Grundlage für Veränderung und Wachstum ist die feste Überzeugung, dass der Mensch lernen und sich verändern kann. Nur so können Organisationen in einer unsicheren Welt voller Veränderung überleben.

6. N***etzwerken und Sichtbarkeit***

Sei vernetzt und sorge dafür, dass man dich kennt. Intern wie extern. Nur so bist du informiert über aktuelle und zukünftige Entwicklungen und kannst bei Problemen auf die Resonanz deines Netzwerks zurückgreifen.

7. ***Empowerment***

Wer als Führungskraft versucht, alles allein zu steuern und zu kontrollieren, die Generationen nicht versteht und auch noch glaubt, erwachsene Menschen könnten motiviert werden, übernimmt sich. Mitarbeitende möchten nicht wie Kinder behandelt werden. Ermächtige sie, eigenverantwortlich zu handeln.

8. ***Strategische Kompetenzen***

Denke ganzheitlich, mit Weitblick, verfolge langfristige Ziele und lerne, aus verschiedenen Perspektiven auf Herausforderungen zu blicken. Der Blick über das operative Geschäft hinaus und die Orientierung an übergeordneten Zielen und Herausforderungen ist hier grundlegend. Der Blick von oben auf das Unternehmen und die langfristigen Effekte von Entscheidungen kennzeichnen strategisches Denken.

9. ***Unsicherheitskompetenz und emotionale Stabilität***

Die Fähigkeit, ständig neue Herausforderungen und Entscheidungen unter Unsicherheit zu verkraften und verarbeiten zu können, ist zu einer zentralen Anforderung geworden. Diese Kompetenzen braucht heute jeder, aber Führungskräften wird hier besonders viel abverlangt. Sie brauchen es für sich und das persönliche Wohlergehen, aber auch um Orientierung und emotionale Stabilität geben zu können.

10. ***Führung braucht ein Gesicht***

Steuern, binden, entwickeln sind die übergeordneten Herausforderungen einer Führungskraft. Mitarbeitende wünschen sich von Führungspersönlichkeiten, dass sie Orientierung geben, Klarheit schaffen, Vertrauen vermitteln. Das entsteht durch eine glaubwürdige Verbindung zwischen dem eigenen Handeln und der Persönlichkeit. Und Persönlichkeiten haben immer ein Gesicht, das im Gedächtnis bleibt!

LIES MAL WIEDER!

Drive – Was Sie wirklich motiviert. Daniel H. Pink

Daniel H. Pink, amerikanischer Wissenschaftsjournalist, räumt in diesem Buch mit der Annahme auf, dass Motivation zwangsläufig über Geld, Belohnung oder Bestrafung funktionieren könnte. Er unterscheidet zwei Typen von Menschen. Die einen legen besonderen Wert darauf, dass sie aus der Tätigkeit selbst Erfüllung ziehen. Die anderen orientieren sich eher an äußeren Kriterien wie Belohnungen und Prestige. Dabei ist er nicht naiv. Das Ausbleiben von fairem Gehalt und Anerkennung demotiviert fast jeden Menschen. Aber Motivation, die langfristig zu Hochleistung führt, kann nicht käuflich erworben werden. Sie folgt aus intrinsischer Motivation, genährt durch Selbstbestimmung, stetiger Verbesserung und Sinnerfüllung. Die gute Nachricht ist: Jeder kann zu einem Menschen dieses Typs werden. Führungskräfte können aus diesem Buch für sich selbst ziehen, wie sie sich verändern und motivieren. Und insbesondere bekommen Führungskräfte Impulse, wie sie mit ihren Mitarbeitenden umgehen, um sie für die Herausforderungen unserer Zeit zu wappnen.

REINVENT!

Werde die Führungskraft, die du sein willst.

Leadership is more who you are than what you do.

Brian Tracy

Kennst du diese Begriffe, die in aller Munde sind und doch ganz verschieden ausgelegt werden? Führung ist solch ein Wort. Es suggeriert uns, es gäbe eindeutige Lösungen und Blueprints für Führungsherausforderungen. »One size fits all« trifft hier leider nicht zu. Es geht immer um den *Best Fit*.

Ich fragte Ben, was Führung für ihn sei. Er antwortete: »Führung bedeutet, dafür zu sorgen, dass der Laden läuft.« Ich musste schmunzeln: »Wie genau?«, fragte ich.

»Na ja, es geht doch darum, Ziele zu erreichen und das Unternehmen, das eigene Team und die Mitarbeiter erfolgreich zu machen.«

Der gemeinsame kleinste Nenner in den unterschiedlichsten Definitionen von Führung scheint das Leiten und Steuern von Menschen zu sein. Das erscheint mir etwas zu wenig, um echte Führungskraft zu entwickeln. Führung hat heute und in Zukunft eine andere Bedeutung und ein anderes Gewicht, als wir es bislang kannten. In Bens Antwort steckt noch mehr. Die übergeordneten Herausforderungen, denen sich jede Führungskraft stellen muss, lassen sich in einem Dreiklang beschreiben: Menschen durch Kommunikation steuern, entwickeln und binden. Und zwar so steuern, dass Leistung – am Kunden oder intern – zielgerichtet erfolgt. Das ist einfacher daher gesagt als getan. Und ich schätze diese Begriffe in Bezug auf Führung nicht. Ich empfinde sie als zu funktional. Führung hat schließlich in erster Linie mit Verantwortung für Menschen zu tun. Menschen wünschen sich Ziele und Orientierung in einer sich ständig verändernden

Welt. Das gibt Sicherheit. Auch die Gewissheit, dass ihnen voller Wertschätzung, Respekt und »empowernd« begegnet wird, damit sie das Beste aus sich herausholen können. Das ist heute wichtiger als jemals zuvor. Die Aufgaben und Anforderungen sind so komplex, dass es heute nicht mehr darum gehen kann, den Menschen unmittelbar zu führen. Es geht vielmehr darum, bei den Mitarbeitenden ein tiefes Verantwortungsbewusstsein für sich und das eigene *Mitdenken* und Handeln zu entwickeln. Das ist die Grundlage, um Führungskraft zu entwickeln und erfordert einen Twist im Führungsverständnis. Vielleicht hat das auf den ersten Blick nichts mit Business zu tun. Aber ich rede nicht von Führung auf Kuschelkurs. Ich meine die Voraussetzungen, die es erst möglich machen, in turbulenten und unsicheren Zeiten den Herausforderungen begegnen zu können. Umsatz, Gewinn und Marktanteile bleiben existenziell. Ergebnisorientierung ist unabdingbar. Das ist klar. Die Wertorientierung steht weiter im Mittelpunkt. Sie bezieht sich jedoch heute mehr denn je auf die Wertschätzung von Menschen. Der ökonomische Erfolg folgt auf diese besondere Art der Wertorientierung.

»Was erwartest du genau von deiner Führungskraft?«, fragte ich Ben weiter. Ben dachte nach und antwortete, es sei ihm wichtig, dass seine Führungskraft hinter ihm steht, ihm Orientierung gibt, verlässlich ist und er sich sicher sein kann, dass sie die Lorbeeren für erreichte Ziele nicht allein einsteckt.

Das ist interessant. Diese Worte zeigen doch, dass eine gute Führungskraft viel weniger über objektiv messbare Kriterien wahrgenommen wird als über die Themen, die sich unter der Oberfläche abspielen. Es geht um Vertrauen, Zusammengehörigkeit und den Umgang miteinander.

Wenn Mitarbeitende Unternehmen verlassen, ist oft die Führungskraft der Grund dafür. Die Ursache liegt häufig in einem Wertekonflikt.

Gehe mal kurz in dich: An welche deiner Führungskräfte erinnerst du dich gern? Was unterscheidet diese Personen von anderen Führungskräften, die du kennst? Was hat sie besonders gemacht?

Wenn Führung echt und erfolgreich ist, basiert sie immer auf einer gewissen Verbundenheit zwischen Führungskraft und Mitarbeitenden. Einer Führungskraft zu folgen und ihren Weg mitzugehen, bedeutet auch immer, diese Person für glaubwürdig zu halten. Intuitiv stellt man fest, ob man dieser Person vertraut oder nicht.

Werte – mehr als ein innerer Kompass

Glaubwürdigkeit entsteht, wenn jemand als echt wahrgenommen wird und man sich auf ihn verlassen kann. Werte haben auf die Glaubwürdigkeit und die Entfaltung von Führungskraft einen enormen Einfluss und wirken hier aus verschiedenen Richtungen. Dazu müssen sie nicht klar benannt sein. Die persönliche Glaubwürdigkeit steht und fällt mit der Verlässlichkeit und der Frage, ob den Worten auch Taten folgen.

Unsere persönlichen Werte haben Einfluss auf das, was wir als gut, richtig oder falsch bewerten. Sie bestimmen unsere Denkmuster und damit unser konkretes Handeln. Das Vorleben von Werten, die kaum wahrnehmbaren Nuancen von Verhalten sind Ausdruck des Wertesystems. Werte sind Teil unserer Identität. Das solltest du nicht unterschätzen und für dich einsetzen.

Es gibt eine weitere Perspektive auf Werte. Sind die Werte des Unternehmens mit deinen Werten nicht vereinbar, wirst du ständig gegen deine Überzeugung handeln müssen. Es ist ausgeschlossen, unter solchen Umständen eine Führungsposition erfolgreich auszufüllen und rundum zufrieden zu sein. Es wird dir schwerfallen, hinter Entscheidungen zu stehen und diese zu vertreten. Das wird dich unglaubwürdig und unwirksam machen. Keine Wirksamkeit. Keine Erfolge.

In Krisen oder in unbequemen Situationen trennt sich die Spreu vom Weizen. Ich vertrete da eine klare Haltung: Wer Führungskraft ist, muss Entscheidungskompetenz haben und kann auch mal mit Entscheidungen unzufrieden sein, weil die persönliche Entscheidung anders ausgefallen wäre oder der eigene Bereich betroffen ist. Es ist die Aufgabe einer Führungskraft, die eigene Position zu vertreten und diese Entscheidungen zu diskutieren – mit der Geschäftsleitung oder dem Führungsteam. Ist eine Entscheidung aber gefällt, ist sie gegenüber den Mitarbeitenden mit Klarheit zu vertreten. Auch das macht eine Führungspersönlichkeit aus. Manchmal ist es schwierig, eine Entscheidung mitzutragen: Love it, take it, change it or leave it. Es ist keine Option für eine echte Führungspersönlichkeit, politische oder strategische Entscheidung zu unterwandern. Deine Führung kraft Persönlichkeit leidet dann!

Führung kraft Persönlichkeit

Ich habe einige Menschen vor Augen, die ich für Führungspersönlichkeiten halte – Cawa Younosi, Bodo Janssen, Oprah Winfrey fallen mir sofort ein.

Sie sind alle vollkommen verschieden. Es gibt also keine Blaupause für DIE Führungspersönlichkeit. Jede Führungspersönlichkeit führt auf ihre eigene Art und Weise, geprägt durch ihren Charakter und ihre Erfahrungen. Verbindende Elemente scheinen eine stabile Persönlichkeit, klare Werte, Verantwortung, Konsequenz und Authentizität zu sein.

Wer also eine richtig gute Führungskraft sein will, muss zunächst einmal sich selbst gut kennen und führen. Und sich treu bleiben. Das macht Persönlichkeit aus.

Passt das Umfeld zu deinem Führungsansatz?

Es ist kaum vorstellbar, dass Oprah Winfrey ihre Kraft auch als Angestellte in einem mittelständischen Familienbetrieb hätte entfalten können. Führungskraft zu entfalten bedeutet auch immer, in einem Umfeld zu wirken, das »artgerecht« ist.
In einem Unternehmen, das sehr stark auf Regeln, Kontrolle und Hierarchien setzt, wirst du mit einem Führungsansatz, der Mitarbeitenden sehr viel Gestaltungsfreiraum lässt, nicht andocken können. Im Gegenteil. Du wirst dich dem System anpassen müssen. Die Veränderung von Kultur und Führung in einem Unternehmen ist ein langer Prozess.

Erfolg folgt, wenn du dir folgst

Es ist ein Irrtum, dass Führung über Werkzeuge funktioniert. Passt das Umfeld, geht es um deine dir ganz eigene Art und Weise, Dinge zu tun und zu bewerten. Fernab von einem Idealbild einer Führungspersönlichkeit und Führungsinstrumenten. Ohne den sorgfältigen und adäquaten Einsatz sind Führungsinstrumente wertlos oder gar schädlich. In einer Welt, die durch Unsicherheit, stetige Veränderung und viele Überraschungen gekennzeichnet ist, suchen Mitarbeitende den Fels in der Brandung.

Die Legitimation für Führung entsteht nicht durch jahrelange Erfahrung und besonders breites oder tiefes Wissen. Die Legitimation entsteht aus einer Haltung, Verantwortung und Wertorientierung. Menschlich wie ökonomisch. ***Es geht um Wirksamkeit und Resultate.*** Der Beitrag zum Unternehmenserfolg ist existenziell. Wirksame, bewusste Führung ist die Kraft, die dafür sorgt, dass die Menschen ihre Energie gern und voller Motivation einsetzen, um Ziele und Vorhaben Wirklichkeit werden zu lassen. Die Wirkstärke der Führungskraft ist ein Hebel für den Erfolg oder für den Misserfolg.

Hast du dich schon mal gefragt, wie du wirkst?

Manche Menschen treten nach außen sehr stark auf, demonstrieren über die Ansprache oder Statussymbole ihren Hochstatus, obwohl sie im Inneren unsicher sind. Innerlicher Tiefstatus trifft auf äußeren Hochstatus. Das schwächt eine Führungskraft. Menschen sind nicht so leicht zu täuschen, sie spüren diesen Dissens.

Wer jetzt glaubt, dass äußerlicher Hochstatus auf inneren Hochstatus treffen sollte, liegt falsch. Es geht vielmehr um die innere Sicherheit und der Situation angepasstes Auftreten im Außen. Die Spielchen im Außen aufgeben und Menschen mit einer inneren Haltung von echtem Interesse begegnen – nur so kann Führung maximale Wirkung entfalten.

Voraussetzung hierfür ist die Reflexion des eigenen Verhaltens und der Einstellung zu Status und Macht. Nur wer hier klar ist und sich zurücknehmen kann, kann auf die Klaviatur der Skills, Kommunikations- und Führungsinstrumente und Verhaltensoptionen flexibel reagieren.

Dein Menschenbild entscheidet

Geh mal kurz in dich. Was denkst du, wenn du etwas verändern willst? Schießen dir Gedanken durch den Kopf wie: »Mit unseren Leuten wird das nicht funktionieren. Dazu können wir sie nicht motivieren.« Oder bist du überzeugt, dass die Menschen um dich herum bereit sind, Veränderungen mitzugehen?

Ob du es glaubst oder nicht, dein Menschenbild ist mitverantwortlich dafür, ob du Menschen motiviert, verantwortungsvoll und kreativ erlebst oder nicht. Nach Douglas McGregors Modell des Menschenbilds handelt es sich hier um die Theorie-Y- und Theorie-X-Menschentypen. Die Theorie-X-Typen sind dabei die verantwortungslosen, nicht kreativen und nicht eigenständigen Typen.

Gehst du davon aus, es eher mit demotivierten, unselbstständigen und destruktiven Menschen zu tun zu haben, werden deine Beobachtungen genau das bestätigen. Du wirst permanent Verhalten beobachten, das diese Theorie untermauert. McGregor hat allerdings gezeigt, dass es diesen Theorie-X-Typus nicht gibt. Dein vorgefasstes Menschenbild steuert hier deine Wahrnehmung.

Wir kennen das alle: Eine Situation ist so verfahren, dass sich nichts mehr bewegt. In verfahrenen Situationen geht es fast nie um das Sachproblem. Es menschelt. Bekannte Führungsinstrumente und Managementtools helfen nicht mehr. Es geht darum, zu erkennen, was Menschen dazu bewegt, etwas zu tun und anderes zu unterlassen.

Wenn du also deinen Führungsrahmen unter der Annahme gestaltest, dass Menschen verantwortlich und »nicht böse« handeln, dann wirst du dieses Verhalten mehr und mehr beobachten. Überprüfe deine Haltung und ändere sie, wenn nötig. Dann kann Veränderung funktionieren und Transformation beginnen.

Die 5 Bs für Führungskraft

Wenn du dann doch nicht daran glaubst, dass es den Theorie-X-Typus nicht gibt, dann tu einfach mal so, als würdest du dir selbst glauben. Diese Idee erscheint dir merkwürdig? Mag sein. Aber es ist einen Versuch wert, denn du wirst einen Weg finden müssen, die täglichen Herausforderungen mit Führungskraft zu bewältigen. Das übergeordnete Ziel, Menschen wertschätzend zu steuern, zu binden und zu entwickeln, begleitet dich tagtäglich. Deine Haltung gegenüber Menschen hilft dir, diese Herausforderungen zu begleiten. Die 5 Bs, zu denen mich Prof. Dr. Nils Schulenburg im Rahmen einer kurzen Keynote inspiriert hat, geben dir eine Leitlinie für deine Arbeit und Interaktion mit Menschen:

Beteiligen – erzeugt *Wertschätzung, Sinn* und *Akzeptanz*
Begründen – führt zu *Vertrauen, Sinn* und *Akzeptanz*, Einheitlichkeit
Begleiten – heißt bemächtigen, befähigen, Verantwortungsbewusstsein schaffen
Bewegen – ermöglicht Entwicklung, *Verantwortung*, Einheitlichkeit, *Veränderung*
Belohnen – Ziele setzen, *Ergebnisse* erzeugen und Erfolge feiern

Ich lese und höre immer wieder, dass Leistung aus Wollen, Können und Dürfen entsteht.
Die Formel:
Leistung = Wollen x Können x Dürfen stützt du mit den 5 Bs fast automatisch. Die 5 Bs zahlen auf das Können (begleiten, bewegen), das Dürfen (beteiligen, belohnen) und implizit auf das Wollen (begründen, belohnen) ein.

Führungskraft – Persönlichkeit trifft auf Substanz

Manch eine Führungskraft treibt ständig eine neue Sau durchs Dorf und lässt sich durch die täglichen Notwendigkeiten und Ad-hoc-Ereignisse steuern. Ein Fehler. Es mangelt an Klarheit, Sinnhaftigkeit und Konsistenz.

Führen ist gekoppelt an Steuern und Managen. Jede Führungskraft steht im Spannungsfeld von langfristigen strategischen Zielen und Wertorientierung und dem alltäglichen Wahnsinn. Dieses Spannungsfeld will gemanagt werden.

Die Führungskraft hat die Aufgabe, das Unternehmen im Rahmen seiner Verantwortung auf Erfolgsspur zu halten und ihren Mitarbeitenden gerecht zu werden. Es geht niemals um den Status quo, sondern um die Gestaltung der Zukunft. Langfristziele müssen in konkrete Aufgaben übersetzt werden. Es braucht Raum, um diese Aufgaben umzusetzen.

Da der Tag für jeden von uns nur 24 Stunden hat, muss die Führungskraft im Zweifel entscheiden, wo der Fokus liegt und welche Aufgaben hinten rüber fallen.

Auch wenn dein Ziel ist, auf Augenhöhe zu arbeiten und Verantwortung und Entscheidungsmacht zu übertragen, gehört das Fällen von Entscheidungen zum Kerngeschäft einer jeden Führungskraft. Führungskräfte, die Entscheidungen scheuen und damit keine Verantwortung übernehmen, finden keine Akzeptanz.

Ohne Entscheidung, keine Ziele. Ohne Ziele, kein Fokus. Ohne Fokus keine Zielerreichung. Ohne Zielerreichung keine Resultate. Ohne Resultate kein Erfolg. Oder kurz: ohne Entscheidungen, Steuerung, Umsetzung und Management keine Wirksamkeit. Ohne Wirksamkeit kein Erfolg.

Um Führungskraft zu entfalten, ist es wichtig, sich zu jeder Zeit klar darüber zu sein, wann der Leader gefragt ist und wann der Manager.

Persönlichkeit und Substanz sind ein unschlagbares Team.

NIMM'S MIT

Führung hat eine andere Bedeutung und ein anderes Gewicht bekommen. Führung soll steuern, binden und entwickeln. Der Kern von Führung aber ist die Verantwortung für Menschen – die Verantwortung für andere, für sich und die Zukunft! Diese Verantwortung benötigt eine wertorientierte Haltung, menschlich wie ökonomisch. Führungskräfte müssen sich deutlich bewusster aufstellen, um erfolgreich und wirksam arbeiten zu können. Es bedarf eines konstruktiven Menschenbilds, das nach meiner Erfahrung wiederum nur bei reflektierten Persönlichkeiten entstehen kann. In diesem Rahmen können die 5 Bs für Führungskraft ihre Wirkung entfalten und dir als Kompass für deine Führungsarbeit dienen.

WAS BRINGT'S FÜRS AUSWAHLVERFAHREN?

Die Klarheit über das eigene Führungsverständnis, die eigenen Werte und Erwartungen verschafft dir Gewissheit darüber, wie und in welchem Umfeld du arbeiten möchtest. So kannst du deine Antennen ausfahren und gezielt aufnehmen, was für dich von Bedeutung ist.
Vorher herausfinden, was nachher auf dich zukommt!

Und mindestens genauso wichtig ist: Du kannst klar und fundiert auf Fragen rund um Führung antworten. Das gelingt erstaunlich wenigen Führungskräften in Vorstellungsgesprächen und Jobinterviews.

Frage dich, was du persönlich noch ausbauen darfst, um Führungskraft zu entwickeln. Was lebst du tagtäglich vor? Handelst du im Einklang mit deinen Werten? Bist du bislang eher als Manager oder als Leader aufgetreten? Wie ist dein Menschenbild? Wie könntest du die 5 Bs kraftvoll und wirksam einsetzen?

KURZIMPULS

33 Tipps für FührungsKraft

1. Bleib echt und du selbst.
2. Arbeite, wie es dir entspricht.
3. Sei dir immer der Ziele deines Teams bewusst!
4. Sei dir deiner Werte und der Werte deines Teams bewusst!
5. Sei wertschätzend. Zu jedem. Immer. Aber konsequent in der Sache.
6. Beteilige! Das führt zu Akzeptanz.
7. Begründe! Das gibt Sinn.
8. Begleite! Bemächtige, befähige und erzeuge Verantwortungsbewusstsein.
9. Bewege! Das führt zu Wachstum und Entwicklung.
10. Belohne! Feiere Erfolge.
11. Lass los, wenn du nicht gebraucht wirst, und sei da, wenn du gebraucht wirst.
12. Falle niemandem in den Rücken. Weder der Unternehmensleitung. Noch deinen Mitarbeitern.
13. Trainiere deine Empathie! Versetze dich in deine Gesprächspartner und sein unvoreingenommen, bevor du (schwierige) Gespräche führst.
14. Überprüfe deine innere Haltung und dein Menschenbild jeden Tag aufs Neue.

15. SAG ES einfach! Sichtweise schildern. Auswirkung darstellen. Gefühle benennen. Erfragen der Sicht des anderen. Schlussfolgerung ziehen. Feedback. Fertig.
16. Setzte dich mit den Besonderheiten der verschiedenen Persönlichkeiten und Generationen auseinander.
17. Sei präsent. Aber übertreibe nicht.
18. Trainiere die Kunst der Selbstführung.
19. Mache Urlaub. Ohne Störung und Arbeit.
20. Lebe Strategie und Vision mit Leib und Seele.
21. Wenn du das nicht kannst, weil du Vision und Strategie weder sinnvoll noch akzeptabel findest, verlasse das Unternehmen.
22. Wenn dich deine Aufgaben nicht erfüllen, ändere etwas!
23. Frag deine Mitarbeiter, wie ihr Beitrag zur Geschäftsstrategie konkret aussehen wird. Diskutiere niemals die Strategie selbst mit ihnen.
24. Vergiss Konsens. Lebe Konsent.
25. Erwarte das Unerwartete. Es läuft nicht nach Plan.
26. Zeig dich verletzlich und reflektiert.
27. Mache Fitnesschecks für deine »Fit for Future–Führungsskills«
28. Hab dein Personal Leadership Canvas immer vor Augen. Du findest es am Ende des Buches.
29. Führe ein Einsichtenbuch. Jeden Tag. Für dein *Growth Mindset*. Für deine innere Haltung.
30. Bilde dich jedes Jahr weiter. Für deine personal excellence@life&business
31. Gib’ die Spielchen im Außen auf.
32. Positioniere dich als Führungskraft – echt, wirksam und als Persönlichkeit.
33. Reflect! Reinvent! Grow!

LIES MAL WIEDER!

Gen Z für Entscheider:innen |
Hrsg.: Annnahita Esmailzadeh, Yaël Meier, Jo Dietrich, Stephanie Birkner, Julius de Gruyter, Hauke Schwiezer

In jeder, wirklich jeder Diskussion über Strategieentwicklung, Unternehmenskultur oder Führung nimmt sie sich früher oder später ihren Raum: Die Irritation über die Welten, die die Generationen trennen. Die Frage, wie mit diesen enormen Unterschieden in den Einstellungen zu Leben und Arbeit, umgegangen werden kann. Der Unterschied zwischen Babyboomern und Gen Z könnte kaum größer sein, so scheint es. Aber auch die Generationen dazwischen sind sich nicht immer klar darüber, wie die junge Generation wirklich tickt. Diffuse Stereotypenbildung und Schubladendenken sind die Folge. Manche empfinden die Ansprüche der Gen Z überzogen, andere hingegen schätzen die Fähigkeiten und Perspektiven, die sie in die Unternehmen bringt. Das Buch »Gen Z: für Entscheider:innen« klärt auf und bringt aus verschiedensten Blickwinkeln differenziert Ordnung in die heterogenen Einschätzungen über die Gen Z.

28 Persönlichkeiten gehen in ihren Beiträgen den Fragen »Wie gewinne ich die Gen Z als Talente für mein Unternehmen? (Recruiting)« – »Welche Fähigkeiten

zeichnen die Gen Z aus, und wie setze ich diese bestmöglich ein? (Führung)« und »Wie erreiche ich die Gen Z als Zielgruppe? (Marketing)« nach.

Ich lege dieses im August 2022 erschienene Buch jedem ans Herz, der sich näher mit der Gen Z befassen möchte. Wir Generationen sind aufeinander angewiesen. Die Gen Z wird unsere Zukunft mit all den Unsicherheiten und großen Problemen unserer Zeit gestalten.

»Ohne Ausrichtung an einer gemeinsamen Vision und ohne Festlegung auf ein gemeinsames, auf Prinzipen beruhendes Wertesystem endet alles im Chaos.

Stephen R. Covey

Hast du dir die Frage schon mal gestellt, wie du als Führungskraft positioniert bist? Nein? Damit bist du nicht allein.

Bei genauerer Betrachtung ist das eine Frage, der sich jede Führungskraft stellen muss. Aber kaum jemand setzt sich bewusst damit auseinander. Und vergibt damit Chancen.

Eine sehr einfache, aber einprägsame Erläuterung bringt Positionierung auf den Punkt: »Positionierung ist der Platz, den du in den Köpfen deiner Mitarbeiter / Kollegen / Vorgesetzten / Stakeholder einnimmst.«

Im Grunde ist es einfach. Entweder kümmerst du dich selbst um deine Positionierung als Führungskraft oder du wirst in den Köpfen der Menschen positioniert. Was ist dir lieber?

Die Positionierung von Führungskräften hat mehrere Dimensionen.

Die Position der Führungskraft

Hier geht es um die formale Position, die eine Führungskraft einnimmt. Teamleiter, Abteilungsleiter, Bereichsleiter, CEO etc. In hierarchisch strukturieren Unternehmen gibt es dafür sicherlich schon einen Platzhalter in den Köpfen der Menschen. Für eine echte, wirksame Positionierung reicht das aber nicht. Eine »echte« Positionierung gibt den Mitarbeitenden Orientierung über den gemeinsamen Weg und die Art und Weise der Zusammenarbeit.

Die Entwicklungspyramide der Führung

Gestern noch Fachkraft, heute Führungskraft? Führungsposition ist nicht gleich Führungsposition. Eigentlich klar, dennoch wird dieser Punkt in der Reflexion über »gute Führung« häufig übersehen. Es findet zwangsläufig eine Entwicklung über mehrere Stufen statt und mit ihnen wachsen die Anforderungen und Erwartungen an Führung. Für deine eigene Entwicklung und Positionierung ist es wichtig, dir klarzumachen, wo du aktuell stehst und wohin du dich entwickeln möchtest.

Fachkraft – Ebene 0

Für die meisten geht es hier los. Die Fachkraft hat keine Führungsaufgaben, wird aber als Talent oder High Potential wahrgenommen. Man traut ihr Führungsaufgaben zu. Der Expertenstatus ist hoch.

Führungsmanager – Ebene 1

Hier übernimmt die Führungskraft in erster Linie das Lösen von Problemen für ihren Mikrokosmos. Probleme, Themen, Abläufe werden gemanagt, nicht dynamisch in Schwung gebracht. Die Menschen folgen dir, weil es von ihnen erwartet wird. Erst nach und nach kristallisiert sich der eigenen Führungsstyle heraus und eine Verbundenheit zu Mitarbeitern wächst.

Führungspersönlichkeit – Ebene 2

Eine Beziehung und Verbundenheit zu Mitarbeitenden entsteht, wenn Persönlichkeit im Spiel ist. Mitarbeitende folgen einer Führungspersönlichkeit, weil sie »echt« und »berechenbar« ist und Halt gibt. Sie wollen von dir geführt werden. Hier fängt echte Führung an und entfaltet Kraft.

Leader – Ebene 3

Ein Leader blickt nach vorn und kann Menschen in eine Richtung führen. Die Erwartungen eines Leaders an andere sind hoch. Menschen folgen dir als Leader, weil sie deinen Beitrag schätzen und dir die Zukunft zutrauen. Ein Leader hat klare Managementqualitäten auf einer anderen Flughöhe und gleichzeitig den Blick auf die Entwicklung der Mitarbeitenden und des Unternehmens.

Host – Ebene 4

Der Host sorgt für den Rahmen, in dem das Unternehmen und die Mitarbeitenden sich bewegen. Er sorgt dafür, dass alle über den Rahmen informiert sind und ihn verstehen (Ziele, Ausrichtung, Zukunftsbild, Status quo usw.). Es ist ihm ein inneres Anliegen, dass sich alle in diesem Rahmen zurechtfinden, integriert sind und ihren Beitrag leisten können.

Über alle Entwicklungsebenen hinweg kann eine Führungskraft eine ***Machkraft*** sein. Eine Machtkraft geht ALL IN, hat eine gesunde Fehlerkultur, kann sich in ihre Mitarbeitenden und deren Herausforderungen hineinversetzen. Sie springt situativ mit in ihre Herausforderungen, um sie aus der Komfortzone heraus zu entwickeln. Ich habe die Machkräfte nach Jessica Lackner in die Entwicklungspyramide integriert, da ich hier einen starken Hebel sehe, um den permanenten Überraschungen und dem Fachkräftemangel zu begegnen.

Wichtig: Die Ebenen schließen sich nicht unbedingt aus uns sind nicht zwangsläufig hierarchisch zu verstehen. Die Übergänge sind fließend.

Wo stehst du in der Pyramide und wohin willst du?

Positionierung qua Persönlichkeit

Menschen wünschen sich, dass Führungskräfte Orientierung geben, fair und ehrlich sind, hinter dem Team stehen, Entscheidungen fällen und kommunizieren. Dein dir eigener Werte- und Handlungsrahmen, mit ganz eigenen Prinzipien untermauert, ermöglicht dir, diese Erwartungen zu erfüllen. Das macht dich berechenbar und sorgt für einen guten Platz in den Köpfen.

Ein Fähnchen im Winde ist niemals eine gut positionierte Führungskraft in den Köpfen der Menschen. Genauso wenig wie eine Ellenbogen-Führungskraft. Glaubwürdigkeit ist gefragt. Es sagt etwas aus, ob ein Mitarbeiter dich für glaubwürdig hält oder nicht. Mit Leben gefüllte Werte machen dich als Führungskraft relevant, schaffen Orientierung und Vertrauen. Führungskräfte müssen Sinn stiften und die Mitarbeitenden müssen einen Nutzen davon haben, der Führungskraft zu folgen. Dazu braucht es Werte. Werte schärfen deine Identität als Führungskraft, aber auch die Identität des Unternehmens, einer Abteilung, eines Teams, eines Mitarbeiters. Und die Zugehörigkeit zu einer Gruppe, die bestimmte Einstellungen vertritt und eine bestimmte Vorstellung von der Zukunft hat. Positionierung bedeutet Haltung.

Wenn andere über dich sagen »Das ist typisch …«, nimmst du einen Platz in den Köpfen anderer Menschen ein. Besser du platzierst dich selbst dort, sonst wirst du irgendwie platziert.

Mit welchen drei Worten würden deine Mitarbeitenden dich als Führungskraft charakterisieren?

Wofür stehst du?

Wofür stehst du? − nicht nur als Führungskraft im engeren Sinne. Wofür stehst du über dein Führungsverständnis hinaus?

Vielleicht ist dir ein spezielles Thema besonders wichtig. Dieses Thema kann nur dann Begeisterung und positive Anerkennung auslösen, wenn es als existenziell, zukunftsfähig und sinnvoll wahrgenommen wird. Der CEO, der als Flaschenhals wahrgenommen wird und sich mit Mikromanagement beschäftigt, löst keine Begeisterung aus. Im besten Fall ein müdes Lächeln.

Aber ein CEO, der sich der Nachhaltigkeit verschrieben hat und privat wie in der Firma dafür einsteht, bekommt Respekt und wird zum Vorbild. Vielleicht geht aber auch die spezielle Meeting-Kultur auf das Konto des CEO. Oder der Innovationskreis.

Wofür du auch immer stehst – du solltest es mit Konsequenz und Konsistenz rahmen. Sonst verlierst du das Vertrauen der anderen in dich.

Wohin willst du mit deinem Team?

Wer nicht weiß, wohin er will, kommt irgendwo an und steht weder für Orientierung noch für Klarheit.

Ein erfolgreiches Team läuft nicht einfach unvorbereitet los. Ein Team funktioniert nur, wenn es ein gemeinsames Ziel hat. Jedem einzelnen Teammitglied sollte klar sein, auf welche Ziele und Ergebnisse es hinarbeitet und welche Wege verfolgt werden, um diese Ziele zu erreichen.

Nur dann kann ein Verantwortungsbewusstsein für die Zielerreichung und eine gewisse Arbeitsmoral erreicht werden. Ein gemeinsames Commitment entsteht dann, wenn die Führungskraft voll hinter dem steht, was wie erreicht werden soll.

Deine Führung braucht einen Rahmen. Deinen Rahmen.

Der Rahmen deiner Führung

Deine Werte, deine Person und dein »Wofür stehst du?« führen zu bestimmen Prinzipien deiner Führung. Welchen Rahmen gibst du deiner Positionierung als Führungskraft? Ich spreche nicht von Normen, sondern von dem, wie du eine Führungsaufgabe ausfüllen möchtest. Diesen Rahmen sollten die Menschen um dich herum immer wieder erleben können. ***»Verhalten ist die höchste Form der Kommunikation«,*** habe ich von Claus Zerenko – Markenstratege und Kommunikationsgenie − gehört. Dein Verhalten prägt dein Image stärker als alles andere. Über dein Verhalten nimmst du einen Platz im Kopf der Menschen ein. Insofern ist dieser Rahmen individuell und wird von dem, was du mitbringst, und den organisationalen Bedingungen geprägt.

Das Eingrenzen auf einen bestimmten Führungsstil als Rahmen ist nicht länger sinnvoll und war es vermutlich noch nie. Heute aber hat eine Führungskraft Gen X-, Y- und Z-Mitarbeitende, die auf eine unfassbar hohe Veränderungsgeschwindigkeit im Markt treffen. Das braucht Orientierung, einen Kurs und Ziele. Und die klare Auseinandersetzung damit, wie du mit all dem, was du mitbringst und was dich einzigartig macht, Mitarbeiter führen, also steuern, binden und entwickeln möchtest. Diesen individuellen Touch einer Führungskraft nenne ich gerne den persönlichen Führungsstyle.

Was legitimiert dich?

Sobald eine neue Führungskraft am Horizont erscheint, geistert die Frage durchs Haus, was diese Person denn nun dazu legitimiert, diese Position einzunehmen. Das passiert bei internen wie externen Stellenbesetzungen. Diese Frage stellt sich bereits im Auswahlverfahren und ist nicht zu unterschätzen. Der Werdegang, die Erfahrungen, die Kompetenzen, die Leistungen und Erfolge sowie Abschlüsse und Zertifikate zahlen ein. Ein guter Recruitingprozess aber lässt den Charakter und die Persönlichkeit, die Passung der Werte und Motive sowie die Soft Skills nicht außer acht. Und vor allem auch die menschliche Komponente. Ich erlebe immer häufiger, dass die weichen Faktoren der Fachkompetenz überlegen sind und den Ausschlag für Kandidaten geben.

Was bei anderen so leicht wirkt, folgt einer intensiven Vorarbeit und permanenter Reflexion. Bist du den Schritten dieses Buchs gefolgt, hast du bereits einen großen Teil dieser Vorarbeit und Reflexion geleistet. Das Bild wird rund, wenn du deine Ziele, deine Qualitäten als Führungskraft und das, was dich persönlich als Führungskraft erlebbar macht, herausarbeitest.

#Ziele – Welche formale Position willst du erreichen? Welche Stufe in der Entwicklungspyramide einer Führungskraft willst du erreichen? (Die Pyramide findest du als Kurzimpuls »Entwicklungspyramide«)

#Zukunftsbild – Was willst du mit Führung erreichen? Was erreichst du, wenn du maximal wirksam führst? Wie ist deine persönliche Vision von dir selbst als Führungskraft? Was sollen andere über dich als Führungskraft sagen?

#Wofür? – Welche Themen treibst du besonders? Wofür stehst du? Hast du dich schon einmal gefragt, was dich glaubwürdig macht? Hier sind drei Faktoren maßgeblich: dein Werdegang und deine formale Legitimation, deine Treiber und die Erlebbarkeit.

#Fakten – Was legitimiert dich aus deinem Werdegang heraus? Was legitimiert dich formal?

#Treiber – Welche Qualitäten machen dich als Führungskraft erfolgreich? Was macht dich aus? Welche Führungsskills hast du? Welche Soft Skills zeichnen dich aus?

#Werte – Welche Werte prägen dich persönlich und welche Werte prägen deine Führungsarbeit? Diese Werte können identisch sein, unterscheiden sich jedoch häufig in Nuancen.

#Style – Was ist dein ganz persönlicher Führungsstyle? Welche Art Führungskraft willst du sein? Welche Führungsstile und Führungsansätze passen zu dir als Persönlichkeit? Wie charakterisierst du dich als Führungskraft?

#Erlebbarkeit – Woran merken deine Mitarbeiter konkret, dass du konsistent und kongruent agierst? Wie ist dein Werteverständnis erlebbar? Wie stellst du sicher, dass du die gemeinsamen Ziele nicht verrätst? Welche Routinen führst du ein?

Für die Gestaltung des Führungsrahmens lässt sich dein Personal Leadership-Canvas einsetzen, das die wesentlichen Aspekte erfasst, übersichtlich darstellt und deine Weiterentwicklung unterstützt. Du findest das Canvas am Ende des Buchs.

NIMM'S MIT

Als Führungskraft wirst du in jedem Fall einen Platz in den Köpfen der Menschen einnehmen. Besser, du positionierst dich selbst!

WAS BRINGT'S FÜRS AUSWAHLVERFAHREN?

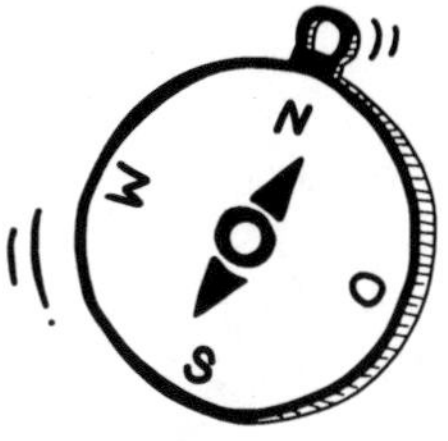

Du solltest dir klar darüber sein, ob dein Anspruch an Führung und deine Entwicklungswünsche in der neuen Position realisierbar sind. Diese Reflexion in der Vorbereitung ist Gold wert. Mehr Kandidaten, als du vielleicht denkst, haben keine durchdachten und starken Antworten über sich als Führungskraft parat. Woran würden deine Gesprächspartner in Auswahlverfahren deine Werte, Motive, Soft Skills und deine Art zu führen erkennen?

KURZIMPULS

Selbstmarketing und Personal Branding

Braucht man das oder kann das weg? Die Frage habe ich mir auch immer wieder gestellt. Für Personen des öffentlichen Lebens liegen Sinn und Zweck auf der Hand. Aber für Arbeitnehmer? Insbesondere für Angestellte in führenden Positionen ist die Bedeutung in den letzten Jahren gestiegen. Ob es um die interne Entwicklung geht oder die externe Bewerbung oder das Repräsentieren der Firma nach außen – es geht immer um die Person selbst. Wir können Einfluss nehmen. Wie wir wirken, ob andere uns vertrauen und welchen Platz wir in den Köpfen der Menschen einnehmen.

Was sagt man über dich, wenn du den Raum verlassen hast?

Kannst du dir vorstellen, dass du die Kompetenz, deinen Lebenslauf zu verfassen, nicht mehr benötigst? Herrlicher Gedanke, oder? Nun, ich denke, dass sich Personaler zukünftig die nötigen Informationen aus deinen Profilen in den sozialen Medien beschaffen. Fein raus sind dann diejenigen, die schon fit für die Zukunft sind. Und nicht erst bei einem konkreten Veränderungswunsch oder -anlass anfangen müssen, sich zu positionieren und ihr Profil zu schärfen. Für Führungskräfte übersetze ich Personal Branding gerne mit »sich positionieren, das eigene Profil schärfen und stimmig bekannter werden«. Schon hört es sich nicht mehr so künstlich und weit weg an, oder?

Was ist also der Nutzen?
Personal Branding mit Substanz erzeugt:

- Klarheit, wofür du stehst und was du bewirkst,
- Vertrauen,
- eine stärkere Reputation,
- ein positives Bild in den Köpfen der Menschen,
- eine Abkürzung, dich intern und extern zu etablieren.

GROW!

Wachse persönlich und als Führungskraft.

#11 – WIE GEHT VERÄNDERUNG? MIT GROWTH MINDSET

Eine ganze Zeit, nachdem ich Ben in seiner Bewerbersituation erlebt hatte, las ich von einer Wette. Ralf Schneider, CIO der Allianz, war sich sicher, dass in fünf Jahren die Topmanager von Unternehmen ein neues Rollenverständnis haben würden. Er ging davon aus, dass die rasanten Veränderungsgeschwindigkeiten dazu führen würden, die immer noch vorherrschenden starren Strukturen, in denen fast alles durch Zuständigkeiten, Arbeitsanweisungen und unflexible Prozesse geregelt ist, aufbrechen würden. Wir wissen alle, dass solche Organisationsstrukturen nicht mal eben verändert werden können. Zu stark sind die gewohnte Ordnung und das verfestigte Wissen darum, wie Dinge funktionieren. In einer komplexen Welt aber mit vielen Überraschungen kann ein Unternehmen auf Dauer nicht bestehen.

Es braucht also Organisationsformen, die schnell reagieren können, wenn ES schon wieder passiert – ein unerwartetes Ereignis, eine Veränderung, eine Überraschung eben. Laut Schneider müssen Manager einen Orientierungsrahmen schaffen und als »Richtungsweiser, Enabler und Orchestrierer« wirken. Die Hälfte der fünf Jahre ist bereits um. Das Interview ist aus 2019 (siehe dazu https://www.cio.de/a/management-by-command-und-control-ist-vorbei,3594298, nachgelesen am 10. April 2022). Ich glaube nicht, dass wirklich alle Topmanager auf dem Weg in ein neues Rollenverständnis sind. Und die Krise der letzten zwei Jahre hat hier zweifellos Druck auf die Veränderungsgeschwindigkeit gemacht. Aber der Grundgedanke resonierte vollkommen mit mir.

Aber jetzt mal ehrlich: Die Logik dahinter ist jedem, der mal voller Verzweiflung miterlebt hat, wie Offensichtliches nicht oder nur *sehr* langsam umgesetzt wird, sofort einleuchtend. Dies zu verstehen und anschließend zu verändern, sind zwei Paar Schuhe. Es liegen Welten dazwischen. Diese Welten spielen sich primär in unseren Köpfen ab. Wenn Manager und Führungskräfte diese beiden Welten nicht miteinander verbinden, wird es mit dem neuen Rollenverständnis nichts.

Der Erfolg beginnt im Kopf: Gesagt ist nicht gedacht. Gedacht ist nicht getan.

Ben war immer und absolut bestrebt, »alles richtig zu machen«. Er wollte alles so machen, wie es »State of the Art« ist. Ich kann mich gut in Ben hineinversetzen. Einen Fehler zu machen, den andere sehen, diskutieren und kommentieren, erzeugt nicht unbedingt Glücksgefühle. Ganz im Gegenteil. Wir alle sind in der Schule darauf trainiert worden, wenig Fehler zu machen. Aber wer auf Überraschungen und ganz Neues reagieren muss, kann nicht auf »State of the Art« zurückgreifen. Der Anspruch, »alles richtig zu machen«, bremst dann und kann niemals erfüllt werden.

Diese Prägung ist für die Welt der Unternehmen ganz und gar nicht förderlich. Hier wird eine andere Geisteshaltung benötigt. Insbesondere Führungskräfte und Manager dürfen hier ein verändertes Mindset annehmen. Denn diese sind Vorbild für ihre Mitarbeiter und legen damit Spuren.

Ich weiß, »Mindset« ist in aller Munde. Den wissenschaftlichen Boden hat Carol Dweck bereitet. Sie unterscheidet zwischen dem *»Growth Mindset«* und dem *»Fixed Mindset«*. Es macht den entscheidenden Unterschied, ob jemand in seiner Denkweise eher statisch oder flexibel ist.

Ich fragte Ben in einem unserer Gespräche: »Was muss eine Führungskraft aus deiner Sicht im Kern leisten?« Er antwortete: »Eine Führungskraft muss vieles gleichzeitig leisten. Das Wichtigste ist wohl, das Unternehmen fit für die Zukunft zu machen und die Mitarbeiter dabei mitzunehmen. Sie dort abholen, wo sie stehen und zu befähigen und ihnen Orientierung zu geben.« »Das hört sich herausfordernd an und ist leichter gesagt als getan. Wie gehst du persönlich mit Herausforderungen um?« Ohne nachzudenken kam die Antwort: »An Herausforderungen wächst man.« Das ist eine Grundhaltung, die dem Growth Mindset entspricht. Jemand, der diese Mentalität hat, nimmt Herausforderungen als Chance, reflektiert und lernt. Menschen mit dieser Denkweise sind überzeugt, dass sie ihre Eigenschaften und Fähigkeiten weiterentwickeln können. Menschen mit einem *Fixed Mindset* dagegen schrecken vor Herausforderungen zurück und geben schnell auf.

»Niemand entscheidet über seine Zukunft; man entscheidet über seine Gewohnheiten, und diese entscheiden über die Zukunft.«

Frederick Matthias Alexander

ABER: Bens Antworten wirkten reflexartig auf mich. Diese Antworten werden von jungen, dynamischen Führungskräften erwartet. In einem Auswahlverfahren und in Meetings ist dies also erst einmal eine schöne Antwort – *sofern* sie verinnerlicht ist und entsprechend mit Leben gefüllt wird. Dieses Gefühl vermittelte Ben mir mit seiner Antwort nicht.

Ich lächelte und fragte: »Wie hast du dich damals nach dem Assessment-Center gefühlt? Die Position war dir wie auf den Leib geschneidert. Dennoch hast du das Finale nicht erreicht.«

Ben stockte. Sah mich an. Ich konnte seine Gedanken und seine Emotionen in seinem Gesicht sehen. »Was hast du gedacht, als du nach unserem Feedback den Raum verlassen hast? Was waren deine ersten Gedanken?« hakte ich nach.

Es brach aus ihm heraus: »Ich werde so etwas nie schaffen. Ich bin, wie ich bin. Und das reicht eben nicht – ich sollte bleiben, wo ich bin. Besser den Spatz in der Hand als die Taube auf dem Dach. Das dachte ich über mich.«

Meine Vermutung war richtig gewesen. Es reicht nicht, über etwas zu sprechen. Es muss verinnerlicht werden. Die Gedankenwelt und das Verhalten dürfen sich verändern. Die gute Nachricht: Häufig ist es so, dass wir in manchen Kontexten und Situationen eher ein *Fixed Mindset* haben und in anderen ein *Growth Mindset*. Allein das zu erkennen, ist schon ein großer Schritt. Ben zeigte in Bezug auf seine Karriere und seine Führungspersönlichkeit eher ein Fixed Mindset.

»Ben, du hast vor zwei Jahren an deinem ersten Triathlon teilgenommen. Warum bist du nicht schon ein Jahr früher an den Start gegangen?« Er sah mich verdutzt an: »Ich wusste, dass ich es noch nicht schaffen würde. Aber ich hatte ja einen Trainingsplan.«

Großartig! Genau das ist der Twist, der dich auf den Weg bringt. Füge das Wort NOCH ein. Fühle in dich hinein, ob es glaubwürdig ist. Und überlege dir, was dir konkret hilft, was du als Nächstes dafür tun kannst, damit aus dem NOCH eine neue Realität wird.

Und diese »Noch-nicht-Einstellung« wird nicht nur für dich persönlich, sondern auch für deine Mitarbeitenden die Welt verändern. Jemand wagt sich, etwas ganz Neues auszuprobieren und es funktioniert nicht? Okay, das hat NOCH nicht funktioniert. Was machen wir beim nächsten Versuch anders? Du triffst auf Menschen, die Veränderungsdiskussionen immer wieder auf Altes und Bewährtes verweisen. Okay, sie haben NOCH kein *Growth Mindset*. Hilf ihnen, das zu verändern!

Ein *Growth Mindset* macht den Unterschied, ob ein Unternehmen wachsen kann und der Veränderungsgeschwindigkeiten des Marktes gewachsen ist und dranbleibt.

Ein Growth Mindset macht den Unterschied, ob eine Führungskraft wirksam zukunftsorientiert agiert oder eben nicht.

NIMM'S MIT

Mache dir die Kraft des Wortes »noch« zunutze. Es eröffnet die Welt für Wachstum und Entwicklung und macht stark für all die Herausforderungen, die an jeder Ecke warten.

WAS BRINGT'S FÜRS AUSWAHLVERFAHREN?

Es dient deiner mentalen Stabilität während der Auswahlprozesse und nimmt dir den Druck. Du hast eine Absage bekommen oder merkst, die Position ist nichts für dich? Dann ist es *noch* nicht das richtige Unternehmen. Du hast in den Rollengesprächen keine gute Figur gemacht? Dann ist deine Herangehensweise *noch* nicht gut genug.

Es ist aber ebenso dienlich für simulierte Mitarbeitergespräche, Fragen nach dem Führungsverständnis, für situative Interviews oder Fachpräsentationen. Ein *Growth Mindset*, das immer wieder durchblitzt, spricht für eine Führungskraft, die zu gesundem Wachstum und stetiger Entwicklung des Unternehmens beiträgt.

LIES MAL WIEDER!

Carol Dweck – Selbstbild: Wie unser Denken Erfolge oder Niederlagen bewirkt

Ich gebe es gern zu: Ich möchte nicht immer wahrhaben, dass ich mir selbst im Wege stehe. Gleichzeitig weiß ich, dass es häufig an mir liegt, wenn ich etwas nicht erreiche, das ich mir vorgenommen habe. Natürlich kann es an den äußeren Umständen oder auch an meinen Fähigkeiten liegen, wenn etwas nicht gelingt. Carol Dweck zeigt in ihrem viel beachteten Buch, dass in erster Linie unsere Art zu denken und unser Selbstbild der eigentliche Schlüssel für Weiterentwicklung ist. Es ist vollkommen gleichgültig, ob wir uns unserer Einstellungen bewusst sind oder nicht. Sie bestimmen, ob wir unser Potenzial erkennen und heben. Carol Dweck zeigt uns, wie wir unseren unbewussten, blockierenden Denkmustern auf die Spur kommen und aus diese Art zu denken verändern. Wer gern englische Bücher liest, dem lege ich »Mindset: The New Psychology of Success (English Edition)« ans Herz.

KURZIMPULS

Growth Mindset und Fixed Mindset

#12 – DER ERFOLG BEGINNT IM KOPF – LOOP THE WOOP

»Du musst nur positiv denken und dir ganz genau vorstellen, wie es sein wird, wenn du dein Ziel erreicht hast. Du brauchst nur das richtige Mindset!«

So oder so ähnlich lauten manchmal gut gemeinte Ratschläge. Mich haben diese Ratschläge immer verwundert. Es liegt doch auf der Hand, dass die bloße Vorstellung des Zielzustands nicht reicht, um Ziele zu erreichen. »Lasse deinen Traum Wirklichkeit werden« heißt es oft. Zwischen »Traum« und »Wirklichkeit« liegt »werden lassen«– der Weg von A nach B. Inzwischen weiß ich, dass diese Ratschläge eine naive und falsche Vorstellung von positiver Psychologie und Motivationsforschung widerspiegeln. So funktioniert das Erreichen von Zielen nicht. Und der nächste Karriereschritt kommt auch nicht von magischer Hand daher.

Ja, das Mindset ist entscheidend. Ein *Growth Mindset* ist Basis für Weiterentwicklung. Du musst den Weg aber auch gehen. Erfolg kommt letztlich von Tun. Realistisch betrachtet, wird es Hindernisse geben. Je größer und weiter weg ein Ziel, desto länger der Weg, desto mehr Hindernisse. Sich den Zielzustand ausschließlich vorzustellen, ist sogar kontraproduktiv. Was nicht bedeuten soll, dass du das positive Denken und das Träumen aufgeben sollst. Ganz und gar nicht! Aber ohne eine konkrete Vorstellung vom Weg dorthin und eine innere Landkarte darüber, wo sich welche Hindernisse auftun können und wie sie zu umgehen sind, wirst du dein Ziel vermutlich nicht erreichen. Irgendwie logisch, aber dennoch in der Praxis vielfach unbeachtet.

Das Mindset allein und die Klarheit darüber, was du willst, bringen dich nicht ans Ziel. Damit hat sich Gabriele Öttingen über 20 Jahre lang beschäftigt und genau das herausgefunden. Sich etwas wünschen und vorzustellen, gibt kurzfristig Energie und verleiht Flügel. Diese Flügel verlieren aber an Kraft, sobald die erste Hürde am Horizont auftaucht.

Prof. Gabriele Öttingen hat mehrere Studien und Versuche dazu durchgeführt. Ein Beispiel:

1. Gruppe:
   Die Gruppe durfte sich in ein erstrebenswertes Ziel hineinfühlen und ganz in den schönsten positiven Gedanken an das Ziel abtauchen.

2. Gruppe:
   Die Gruppenmitglieder setzten sich ein Ziel und malten sich alle möglichen Hindernisse und Probleme auf dem Weg zum Ziel aus.

3. Gruppe:
   Diese Gruppe setzte sich das Ziel, malte sich abwechselnd die Erreichung des Ziels in den schönsten Farben aus UND reflektierte die möglichen Hindernisse. Wichtig dabei: Das Pendeln zwischen der Zielvorstellung und den Hindernissen. Und dazu dann ein Plan über die Maßnahmen auf dem Weg zum Ziel.

Den größten Erfolg, die gesetzten Ziele auch zu erreichen, hatten die Mitglieder der Gruppe 3!

Gabriele Öttingen nennt ihre Lösung ***WOOP!***

W - Wish
O - Outcome
O - Obstacle
P - Plan

Für Führungskräfte ist WOOP ein Allround-Talent. Es ist von unschätzbarem Wert für die persönliche Entwicklung, für das Erreichen der gesetzten Ziele, für die kleinen und großen Führungsaufgaben und sogar für Auswahlverfahren.

WOOP hilft tagtäglich dabei, Ziele zu erreichen! Meine Routine dazu:

1. W – Ich überlege mir kurz, was mein Ziel des Tages ist oder was ich heute anders machen möchte. Ich besinne mich dabei zusätzlich auf meine WERTE! Wer will ich als Führungskraft, Beraterin, Unternehmerin, privat usw. sein?
2. O – Ich stelle mir genau vor, wie es ist, wenn ich das erreicht habe.
3. O – Welche Hürden könnten sich mir in den Weg stellen?
4. P – Ich beantworte mir die Frage, wie ich genau vorgehe, um das Ziel zu erreichen und wie ich reagiere, wenn Hindernisse entstehen. Dabei besinne ich mich darauf, wer und wie ich sein will. Mein Handeln und meine Werte sollen konsistent sein. UND: Ich stelle mir kurze Erinnerungen in meinen Kalender, um zwischen Zielvorstellung und Hindernissen gedanklich hin und her zu pendeln.

WOOP hilft dir als Führungskraft und deinem Team, Ziele nicht nur zu planen, sondern auch zu erreichen. Folgender Ablauf ist hilfreich dabei

1. W – Welches Ziel setzen wir uns?
2. O – Wie genau soll dieses Ziel aussehen? Woran merken wir, dass wir es

erreicht haben? Woran merken andere, dass wir das Ziel erreicht haben?
3. O – Welche Hürden sind möglicherweise zu überwinden?
4. P – Welche Schritte sind zu gehen, um das Ziel zu erreichen? Wer macht was bis wann mit wem? usw. UND: Wann kommen wir zusammen, um Zielvorstellung und Hürden zu reflektieren?

WOOP hilft dir, wenn einzelne Mitarbeiter Probleme mit Umsetzung und konkreten Veränderungen haben:
1. W – …

Du weißt schon … ☺

Besonders wirksam wird WOOP in der Verbindung mit »Wenn-Dann-Verknüpfungen«. Das hat Peter Gollowitzer, verheiratet mit Gabriele Öttingen, genau erforscht. Ereignisse, die den Weg zum Ziel kreuzen können und damit die Zielerreichung verhindern, werden gedanklich vorweggenommen. »Wenn X passiert, werde ich mit Y reagieren«, ist das Mantra für die ganz persönliche Verhaltenssteuerung auf dem Weg zum Ziel.

Diese konkrete Auseinandersetzung mit der Kluft zwischen Wunsch und Wirklichkeit und deren Überwindung stärkt die Bindung an das Ziel und macht den Weg zum Ziel frei.

Die Wirkung von WOOP mit LOOP verstärken – LOOP the WOOP

Mit ihrer Forschung hat Prof. Öttinger positives Denken und Erfolg in einen neuen Zusammenhang gestellt und für jeden greifbar und anwendbar gemacht. Für die Selbstentwicklung als Person und als Führungskraft ist WOOP von unschätzbarem Wert. Denn: Führung beginnt mit Selbstführung.

In deinem persönlichen Erfolgsbild, deiner persönlichen Vision hast du dir auch eine Vorstellung davon gemacht, was für eine Führungskraft du sein möchtest. Hand aufs Herz. Bist du in jeder Situation zufrieden mit dir? Ich bin es nicht. Du entscheidest, wie du damit umgehst. Du hast die Wahl: Ignorieren. Schönreden. Oder daran arbeiten. WOOP bietet eine wunderbare Methode dazu.

Ein WOOP ist *kein* WOOP. Das Erfolgsgeheimnis liegt darin, den WOOP immer wieder durchzuführen. Ich nenne das LOOP the WOOP. Der LOOP ist eine sich wiederholende Trainings- und Erlebnisschleife. Mal kleiner, mal größer. Zielerreichung ist nicht linear. Sie erfolgt in Wellen. Innehalten, reflektieren, verstehen und sich neu ausrichten. Das sind kleine Schritte mit großer Wirkung. Sie helfen uns, viel besser mit Unsicherheiten, ungeplanten Situationen und Widersprüchlichkeiten umgehen. All das Große und Kleine, das uns tagtäglich begegnet und uns häufig unmerklich ein Stückchen von unserem Weg abbringt, braucht immer wieder WOOPS. Aber keine Sorge, es geht nicht immer wieder bei null los. Es mag sich zwar manchmal so anfühlen, als würde man mit jedem WOOP neu anfangen. In Wirklichkeit ist es ein iterativer Prozess, und jeder WOOP bringt dich im LOOP weiter – auch mal einen kleinen Schritt zurück, aber in kleinen und großen Schleifen in Richtung Berggipfel.

Diese LOOPs geben dir eine weitere Möglichkeit, deine Gedanken, Gefühle und dein konkretes Verhalten zu reflektieren. Denn deine Gedanken lösen Gefühle aus, was dann wiederum zu einer Reaktion deinerseits führt. Das ist häufig nicht besonders zielführend, denn die meisten unserer Reaktionen erfolgen vollkommen automatisiert. Und hier kann eingehakt werden. Das können wir selbst beeinflussen.

Das ist einfach gesagt, aber nicht immer leicht.

Diesen Raum kannst du dir selbst schaffen. In dem Moment, in dem du bemerkst, dass sich ein unangenehmer Gedanke oder ein unangenehmes Gefühl einstellt, halte ganz kurz inne. So verhinderst du eine automatisierte Reaktion. Denke an den WOOP.

- Was war dein Ziel?
- Wer willst du sein?
- Wer würdest du sein, wenn du deiner automatisierten Reaktion den Raum gibst?
- Auf welche Werte willst du dich besinnen?
- Hast du für diese hinderliche Situation schon einen Wenn-Dann-Plan?
- Wie verhältst du dich nun konkret?

Der Schwung im LOOP:

1. Wahrnehmen von Gedanken und Gefühlen, die dich zu einer automatisierten, so nicht gewollten Reaktion bringen
2. Stopp-Knopf drücken und innehalten
3. WOOP-Reflexion einbauen – ganz kurz
4. Gewollt reagieren
5. (später) reflektieren und weiterschwingen.

Ich weiß, das funktioniert im Eifer des Alltags nicht immer so. Aber es funktioniert, wenn du vorher Trockenübungen machst. Die Kurzform lautet: Reflektieren – Handeln – Reflektieren – Ausprobieren – Reflektieren – Handeln … Reine Gewohnheitssache.

Jeder LOOP bringt dich weiter!

NIMM'S MIT

Starte deinen ersten WOOP am besten schriftlich oder mit einer Zeichnung. Mache dir die ersten Übungen leicht: Wie erreiche ich mein Ziel, am Samstag laufen zu gehen? Wie erreiche ich das Ziel, morgens nicht als Erstes ins Handy zu schauen? Erst danach weitest du WOOP auf Alltagssituationen aus. Wie zum Beispiel: Ein bestimmter Mitarbeiter schafft es immer wieder, seine Themen an dich rückzudelegieren.

Reflektiere jeden Abend, ob es diese oder vergleichbare Situationen gegeben hat und wie du reagiert hast. Reflektieren – Ausprobieren – Reflektieren – Handeln …

WAS BRINGT'S FÜRS AUSWAHLVERFAHREN?

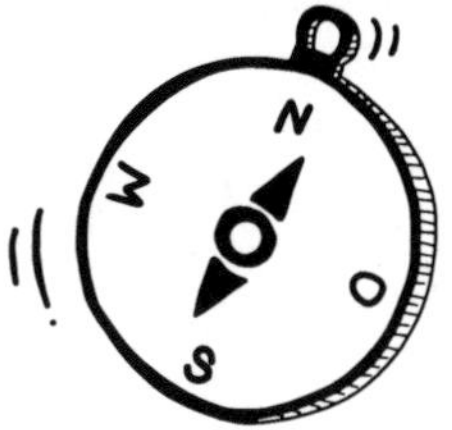

In jedem Auswahlverfahren wird es Situationen geben, in denen die Antwort mit Bedacht gewählt sein sollte. Zum Beispiel, wenn unzulässige Fragen oder Stressfragen gestellt werden. Oder in Rollenspielen.

Antizipiere Situationen und Fragen, in denen du vermutlich nicht so reagieren wirst, wie du es dir wünschst. Stelle sie dir vor. Durchlaufe WOOP gedanklich und trainiere solche Situationen, entweder indem du sie dir vorstellst oder indem du sie spielst.

Wichtig: Baue bewusst ein Innehalten, einen kurzen Stopp, in dein Training ein! Im Auswahlverfahren kannst du dann auch unter Stress einen klaren Kopf behalten: Wahrnehmen. Stopp! – »Wer und wie will ich sein? Wenn-dann-Pläne abrufen.« – Souverän reagieren. Fertig.

> »Nur wer sich selbst führen kann, kann auch andere führen.«
>
> Pater Anselm Grün

INTERVIEW MIT JESSICA LACKNER (FÜHRUNG UND FACHKRÄFTEMANGEL)

Ich konnte mit Jessica Lackner sprechen, mit der Person, die schon mit acht Jahren ihr erstes kleines Business geführt hat, mit 14 Jahren genau wusste, wohin sie will, mit Anfang 20 den gastronomischen Betrieb in Europas größtem Strandbad geführt hat. Sie glaubt nicht an DEN Fachkräftemangel, aber dafür an eine Welt, in der Mitarbeitende zu Raving FANs werden können.

Sie beschäftigt sich jetzt schon seit 20 Jahren mit dem Thema Führung. Es geht ihr um Wollen und Können und um das, was dazu führt, dass Menschen sich zu Teammitgliedern entwickeln, die in ihrer Kraft stehen und maximal Leistung zeigen. Außerdem ist sie Trainerin, Beraterin, Teamflüsterin, Speaker und Erfolgscoach. Sie hat den Podcast »FANomenal führen – der Leadership Podcast« und ist Autorin des Buches »Fachkräftemangel oder Machkräftemangel? Warum Personalprobleme hausgemacht sind«.

KERSTIN: Jessica, einer der Sätze, die du geprägt hast: Es geht nicht ums Können, sondern ums Wollen. Was meinst du genau damit?

JESSICA: Oft wissen viele gar nicht, was sie wollen. Gerade auch bei dem Thema Recruiting.

Also ich bin jetzt nicht die Recruiting-Expertin, aber ich habe über 15 Jahre Vorstellungsgespräche ohne Ende geführt und Mitarbeiter gesucht, eingestellt und aufgrund des Fachkräftemangels, den es ja nicht seit gestern gibt, sondern für mich schon seit 2006, habe ich halt einfach gemerkt: Es gibt viel zu wenig Menschen, die können.

Aber es gibt trotzdem einige, die wollen. Und zwar häufig junge Menschen. Jetzt hat sich die Generation auch verändert. Generation Z. Die wollen flexibel arbeiten, die wollen nicht unbedingt eine Ausbildung oder ein Studium machen. Sie wollen loslegen und sehen: Was bietet denn der Arbeitsmarkt so? Wie kann ich mich denn da verwirklichen? Wie kann ich das Ganze mit meinem Privaten vereinbaren? Wie kann ich das mit meiner freien Zeit vereinbaren und da noch Geld verdienen? Also das Wollen ist da.

Ja, zu dem Thema Können und Wollen – ich habe selbst die Erfahrung gemacht mit den Quereinsteigern, die ich dann eingestellt habe. Sie wollten arbeiten! Es ging gar nicht ums Können, denn sie brachten die Qualifikation gar nicht mit. Aber das konnte ich ihnen ja zeigen. Das Wollen war das Entscheidende.

KERSTIN: Ich höre häufig in den Unternehmen, dass es so schwierig sei mit dieser Generation. Sie seien wenig belastbar und weniger zuverlässig. Wann hast du denn festgestellt, dass da was falsch läuft? Dass es in Wirklichkeit nicht so ist?

JESSICA: Hm, also wann habe ich das gemerkt? Ich habe mit 21 Jahren die Gastronomie des Strandbads Wannsee übernommen. Ich kam aus der Hotelfachschule und dachte, man muss sich für einen Führungsstil entscheiden. Ich habe überlegt, welchen Führungsstil nehme ich denn? Wie bin ich denn? Und dann hatte ich halt meinen Chef, der sehr autoritär war, nur geschrien, gebrüllt hat und ich dann gar nicht mehr wusste, was richtig und was falsch ist. Mir sind die Mitarbeitenden weggerannt und ich hatte keine Fachkräfte.

Ich habe dann eines Tages angefangen, alle Bewerber zu Gesprächen einzuladen. Am Anfang habe ich auch darauf geschaut, wie die Bewerbung geschrieben ist und gleich aussortiert, wenn eine Anforderung nicht erfüllt war. Und irgendwann war der Leidensdruck so groß, dass ich für mich gemerkt habe, dass ich die Leute unbedingt brauche, die kommen. Ich musste das Problem ganz anders angehen. Nach einiger Zeit dachte ich: »Hey, krass, diese Leute hätte ich vor Monaten oder Jahren niemals eingeladen und die sind aber richtig gut.« Ich hatte sie vollkommen unterschätzt. Das war mein Gamechanger. Es wurde dann zu meiner Erfolgsstrategie, dass ich mir einfach die Menschen gesucht habe, die arbeiten wollen, und ich sie nicht mehr bewertet habe. Ich habe jedem Menschen einfach die Chance gegeben, überhaupt erst mal zu kommen und zu arbeiten.

Ich weiß noch, wie schwer es mir gefallen ist, eine Bewerbung zu schreiben. Diese Hoffnung, dass überhaupt eine Antwort kommt, geschweige denn eingeladen wird. Und dann musste ich im Hilton drei Stunden warten, bis ich zum Gespräch kam. Das muss man sich mal vorstellen. Also so etwas Unfassbares. Das ist nicht menschlich. Das wollte ich auf keinen Fall so machen. Ich will jedem Menschen die Chance geben. Ich war auch nicht immer gut in der Schule und es gab bei mir auch Phasen, in denen ich einfach andere Interessen hatte. Was nicht hieß, dass ich mich nicht weiterentwickeln oder dazu lernen konnte. Warum nicht den Menschen eine Chance geben, ihre Vergangenheit zu verändern, die Zukunft selbst zu gestalten und ihnen dabei helfen, ihre eigenen Potenziale zu entdecken?

Es ist so schwer, einen Job zu finden. Alle wollen Berufserfahrung. Das kann doch nicht wahr sein. Wie sollen die jungen Menschen denn Berufserfahrung sammeln, wenn sie keiner einstellt? Und gleichzeitig wird der Fachkräftemangel beklagt.

KERSTIN: Jessica, du hast nicht den leichtesten Weg gewählt. Was treibt dich an? Warum tust du, was du tust?

JESSICA: Ich habe erkannt, dass in den Menschen, die vor mir sitzen, mehr steckt, als sie selbst glauben. Gleichzeitig wollte ich sehen, ob es mir gelingt, zwei Betriebe so aufzubauen, dass sie nicht von mir mehr abhängig sind. Dass ich die Leute so groß mache, dass sie über sich hinauswachsen. Und da ist dann für mich auch klar, dass wir ein massives Führungsproblem haben, das sich im Fachkräftemangel äußert. Wir brauchen andere Führungskräfte, Machkräfte, die die wahren Potenziale der Menschen erkennen und sie groß machen und ihr Ego vollkommen herausnehmen. Es geht nicht um Ego. Es geht um den Sinn und Zweck und um die Erfüllung. Das war für mich immer mein größter Erfolg. Mir ging es um diese Erfüllung, dass ich Menschen zu ihrem Erfolg verhelfen konnte und ich gemerkt habe, dass sie aufblühen und so über sich hinauswachsen.

KERSTIN: Und kann jeder eine Machkraft werden?

JESSICA: Ganz klar, ja! Es ist ein Weg und es ist eine Entscheidung! Und die ist sehr kraftvoll. So wie ich mich damals fürs Strandbad Wannsee entschieden habe, mit allen Höhen und Tiefen, egal was kommt. Ich habe eine Entscheidung getroffen und ich wusste, ich will etwas verändern. Die Veränderung fängt immer bei uns selbst an. Und wenn Führungskräfte nur ein wenig sagen, das, was die Frau Lackner da gerade so erzählt, kann sinnvoll sein, also probiere ich‘s mal aus. Schlimmer kann’s nicht werden. Dann treffen sie schon die Entscheidung, sich selbst zu verändern.

Sich freizumachen als Führungskraft, als Machkraft und andere Wege zu gehen. Anders delegieren, Fehler erlauben und wachsen. Das Ziel einer Machkraft ist immer, die anderen so groß zu machen. Dadurch wirst du selbst groß und siehst dann noch mehr Potenziale, auch für die Organisation. Was dann alles möglich ist! Und wir klammern uns immer so fest. Ich weiß es von mir. Ich habe es jahrelang falsch gemacht und mich so fest geklammert an meiner Führungsrolle. Immer wieder bin ich dem Irrtum aufgesessen, dass es keiner so gut kann wie ich, und habe viel schnell selbst gemacht. Und von morgens um sieben bis abends um elf gearbeitet. Damit war mir nicht geholfen.

KERSTIN: Während meiner eigenen Laufbahn habe ich oft den Eindruck gehabt, dass Mitarbeiter unglücklich waren, weil es mit der Führungskultur und den Führungskräften nicht gepasst hat. Die Verbindung zu den Mitarbeitern ist nicht entstanden. Was würde denn entstehen, wenn jetzt Führungskräfte immer mehr Machkräfte würden?

JESSICA: Wenn die Führungskräfte Machkräfte werden, entsteht erstens eine ganz andere Magie. Es gibt für mich einen klaren Unterschied zwischen Team und Gruppe. Die meisten glauben, sie arbeiten in einem Team, aber sie arbeiten in einer Gruppe. Weil sie Führungskräfte haben, die nur managen und nicht dafür sorgen, dass eine Verbindung zwischen den Teammitgliedern entsteht. Die Gruppe steht zwar auch zusammen im Kreis, die Mitglieder sind aber, wenn man es jetzt bildlich nimmt, nicht Hand in Hand miteinander verbunden. Das Team schon. Und die Führungskraft, die Machkraft, ist ein Teil des Teams. Sie sind miteinander so eng verbunden, dass, egal, was passiert, egal, welche Krise kommt, sie dies meistern werden. Bei der Gruppe ist das nicht der Fall. Da ist die Führungskraft, die managt. Sie bekommt Druck von oben, gibt den Druck in die Gruppe weiter und sie arbeiten gegeneinander statt miteinander. Wenn es aber der Führungskraft gelingt, zu einer Machkraft zu werden, die situativ weiß, wann sie managen, wann sie führen und wann sie coachen muss. Dann gelingt ihr auch wirklich, erstens die Potenziale zu erkennen, die Werte zu leben. Das heißt, erst mal auch bewusst werden: Welche Werte habe ich? Welche Werte wünsche ich mir vom Team? Und wie können wir das dann auch zu 100 % leben? Und viele Führungskräfte definieren Werte und Kultur, bekommen aber nicht hin, das auch zu leben. An dieser Stelle sind für mich die Personalprobleme hausgemacht.

KERSTIN: Sollte nicht jeder Führungskraft werden, um aus einer tiefen inneren Motivation heraus genau das anders zu machen?

JESSICA: Viele werden Führungskraft, weil es der nächste Schritt auf der Karriereleiter ist. Vielleicht ist gerade ein Job frei, du verdienst mehr Geld. Die meisten, die ich kennengelernt habe, überlegen gar nicht: Was beinhaltet denn wirklich meine Rolle? Und wie will ich sein? Die nehmen diesen Job an. Die nehmen eine Rolle an und setzen die Maske auf, die ihnen vorgegeben wird. Uns wurde ein bestimmtes Bild davon, wie eine Führungskraft sein muss, beigebracht. Es wird eher Management beigebracht, statt des echten Führens. Echtes Führen fängt damit an, dass wir überlegen dürfen: Wie will ich denn sein? Wie möchte ich wahrgenommen werden? Was sollen andere Menschen über mich erzählen? Wie will ich auf gar keinen Fall sein? Um dann zu der Person zu werden, die ich sein will. Und wir merken dann gar nicht, dass wir uns aktiv damit auseinandersetzen dürften, weil wir in einem Tunnel stecken von Aufgaben über Aufgaben und Druck von oben. Dann rennen wir auf der Überholspur durch diesen Tunnel, sodass wir nicht mitbekommen, wenn ein Mitarbeiter eine Panne hat. Wir bekommen gar nichts mehr mit. Wenn ich aber, bevor ich überhaupt losfahre, mir schon mal überlege, wie will ich denn sein? Möchte ich jemand sein, der auch mal rechts ranfährt und bei der Panne hilft, damit die Person wieder weiterfahren kann? Oder bin ich wirklich nur im Sportwagen unterwegs und gebe Vollgas? Sich diese Zeit zu nehmen, das machen die wenigsten. Ich würde mir wünschen, dass schon beim Onboarding überlegt wird: Welche Führungskraft willst du sein? Und jede Führungskraft ist individuell, und das ist auch absolut in Ordnung. Nur, wenn die Mitarbeiter nicht wissen, wie die Führungskraft tickt, können sie sich auch nicht integrieren. Und dann kann es keinen Match geben. Als Mitarbeiter möchte ich wissen: Wie bediene ich denn diese Führungskraft?

KERSTIN: Die Gebrauchsanweisung für die Führungskraft. Es muss nur mal klar geäußert werden.

JESSICA: Ja, das ist wichtig. Die Menschen haben sich verändert. Es wird immer genauer geschaut: Welche Werte werden da gelebt? Was passiert denn dort auf diesem Schiff? Was ist da für ein Herz auf diesem Schiff? Wenn ich aber nach außen trage, was schön klingt, und das jedoch nicht lebe, sind die Leute eines Tages auch wieder weg oder sie arbeiten nicht über den Tellerrand hinaus. Zum Thema Werte wird sich meiner Meinung nach in Zukunft ganz, ganz viel verändern.

KERSTIN: Worauf schaust du bei Einstellungsgesprächen? Wie bekommst du heraus, ob jemand das Potenzial mitbringt, in den Job hineinzuwachsen?

JESSICA: Die richtigen Fragen stellen, ganz viele Fragen stellen, schon am Anfang. Die erste Frage, die ich meistens gestellt habe, ist: »Wieso hast du aufgehört beim vorherigen Job? Was war der Grund, dass du dann nicht mehr arbeitest?« Häufig haben sie kein Geld bekommen oder keine Wertschätzung. »Wenn Geld keine Rolle spielen würde und du es dir jetzt aussuchen kannst, was würdest du am liebsten hier bei uns machen? Egal, welche Vorkenntnisse du hast.« Dann kamen spannende Antworten. Häufig haben sie sich was ausgesucht, wofür sie sich gar nicht beworben haben. Und ich habe gefragt: »Was willst du auf gar keinen Fall machen?«

So höre ich im Bewerbungsgespräch schon raus, wer offen ist für Dinge, die passieren könnten. Ich taste mich dann Stück für Stück vor und baue keinen Druck auf. Alle können erst mal das machen, worauf sie Lust haben. Deswegen ist da dieses Wollen. Mir ist das Wollen wichtiger. Und dann schauen wir mal, wo die Talente liegen und wo die Reise hingeht.

KERSTIN: Was benötigt eine Führungskraft, um wirksam sein zu können?

JESSICA: Gelassenheit, Geduld und Güte. Geduldig zu sein, egal welche Generation vor mir steht. Jede Generation ist anders. Die alten Hasen sind genauso anstrengend wie die Generation Z. Nur auf eine andere Art. Das so anzunehmen, wie es ist. Du kannst die Leute nicht ändern. Du kannst nur das Beste aus diesen ganzen Umständen machen. Das heißt, das Beste aus allen herausholen und deine Leute nach ihren Stärken einsetzen. Da sind wieder Potenziale. Du darfst deine Leute studieren, das heißt, du musst wissen, wer was richtig gut kann. Und was mag die Person gar nicht? Ja, wenn ich weiß, wo die Laune bei manchen Menschen kippt, achte ich doch darauf, dass es gar nicht so weit kommt. Und wenn ich mich auf das Positive fokussiere, darauf, dass alle ihre Stärken haben und sich großartig ergänzen, dann wachsen sie über sich hinaus. Es geht darum, den Menschen zu sehen.

KERSTIN: Was würdest du jemandem als top Tipp für einen Quereinstieg geben?

JESSICA: Sich selbst die Frage zu beantworten: Wenn Geld keine Rolle spielt, was würde ich tun? Was macht so viel Spaß, dass man mich nachts dafür wecken könnte? Da mal reinzufühlen und nicht sofort fragen, ob ich das auch wirklich kann.

KERSTIN: Worauf würdest du achten, wenn du Führungskräfte einstellen solltest? Was sind für dich die wichtigsten Kriterien für Führungskräfte?

JESSICA: Einmal auf die Bereitschaft, alles zu lernen. Natürlich abhängig davon, in welcher Branche wir uns bewegen. Um Ärzte einzustellen, benötigt man selbstverständlich ausgebildete Ärzte. Aber in der Gastrobranche gibt es auch andere Wege. Und das lässt sich auf viele Branchen übertragen.

KERSTIN: Du tust schon sehr, sehr viel, um den Machkraft-Gedanken zu fördern. Was würdest du gerne langfristig noch tun, damit noch mehr Menschen überhaupt noch Machkräfte werden können?

JESSICA: Ich würde gerne mehr Führungskräfte ausbilden und coachen. Damit noch mehr Firmen aufwachen und verstehen, dass es auch anders geht, und eine andere Denkweise entwickeln.

KERSTIN: Welche zwei Presse-Schlagzeilen würdest du gerne mal über Fachkräftemangel oder Führung lesen?

JESSICA: Auf jeden Fall möchte ich über den Mythos Fachkräftemangel lesen und über Führungs- oder Leadership-Revolution.

KERSTIN: Vielen Dank, Jessica, für deine Zeit und das interessante Gespräch!

KURZIMPULS

Entwicklungspyramide einer Führungskraft

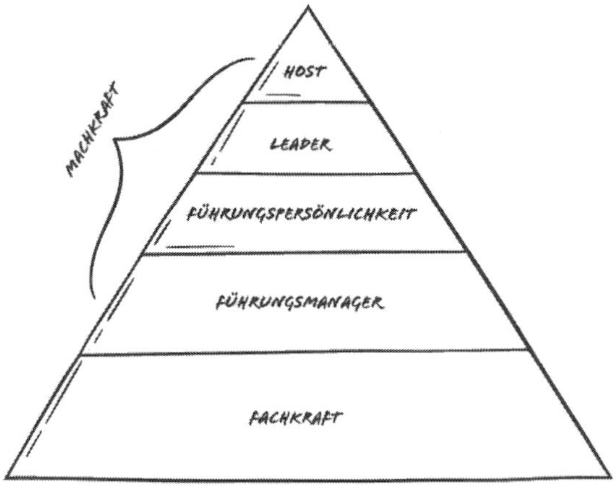

Die meisten Führungskräfte starten ihre Karriere erst einmal als Fachkraft. Häufig wird dann irgendwann die beste Fachkraft eine Führungskraft und fast genauso häufig erfolgt der Sprung ins kalte Wasser. Die Auseinandersetzung mit der eigenen Person, der Führungsaufgabe und dem Entwicklungsweg, den eine Führungskraft nehmen kann, entfällt. Für die Entwicklung von *FührungsKraft* und der eigenen Positionierung hilft es, sich erst einmal zu orientieren. Wo stehst du? Und wohin willst du dich verändern?

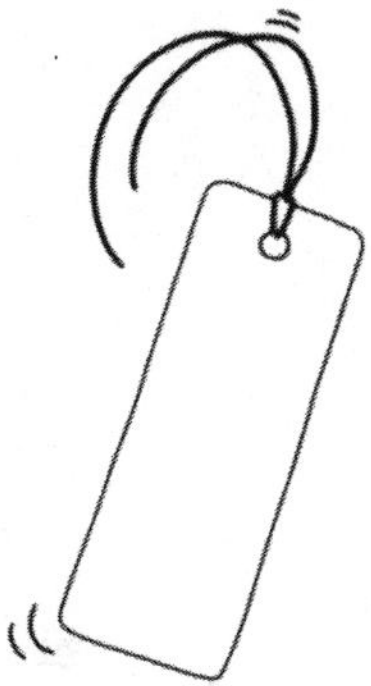

LIES MAL WIEDER!

Jessica Lackner – Fachkräftemangel oder Machkräftemangel? Warum Personalprobleme oft hausgemacht sind (Dein Business) – 20. April 2021

Das Buch von Jessica Lackner ist mit ihrer eigenen Geschichte verknüpft und durch ihre Erlebnisse lebendig und abwechslungsreich. Jessicas Blick auf Führung und Fachkräftemangel ist außergewöhnlich. Die Auseinandersetzung damit lohnt sich und kann jeder Führungskraft eine ganz neue Sicht auf Führung, Mitarbeiterbindung und -entwicklung geben. Sie glaubt nicht an DEN Fachkräftemangel, aber dafür an eine Welt, in der Mitarbeitende zu Raving FANs werden können. Der Schlüssel dazu sind die Führungskräfte. Sie behauptet: »Es geht nicht immer um das Können, sondern ums WOLLEN.« und stellt damit die Führungs- und Recruitingwelt, wie wir sie kennen, auf den Kopf. Sie fordert jede Führungskraft heraus und regt dazu an, einen neuen Blickwinkel einzunehmen: Wer will, kann in alle Richtungen ausgebildet und entwickelt werden. Jessica Lackner regt dazu an, auf die Potenziale und die Motivation zu schauen, um auch Quereinsteiger gemäß ihrer Gerne-Stärken zu entwickeln. Mit dieser Idee werden eine Reihe von Personalproblemen auf einen Streich gelöst – Fachkräftemangel, Motivation, Bindung, Zusammenarbeit.

III.

FIT FÜRS AUSWAHLVERFAHREN

Vollkommen unterschätzt werden nach meiner Erfahrung der rote Faden des Werdegangs, das einzigartige Alleinstellungsmerkmal und die persönliche Erfolgsgeschichte. Insbesondere dann, wenn du als Ausdruck von Führungspersönlichkeit einen einzigartigen Fußabdruck hinterlassen willst.

Erst wenn du dir klar darüber bist, wie du aus dir selbst heraus, aus deiner Persönlichkeit, deinen Werten und deinen spezifischen Kompetenzen deine Karriere entwickelst und dich als Führungskraft positionierst, ist die Vorbereitung auf ein konkretes Auswahlverfahren der logische nächste Schritt. Ich persönlich halte es für Zeitverschwendung, isolierte Assessment- oder Jobinterviewübungen zu machen. Das sind Trockenübungen. Deine Zeit ist dann gut investiert, wenn du jede Übung und Reflexion, die du machst, und das, was du vielleicht sogar neu lernst, in deinen Alltag integrieren kannst. Du trainierst Jobinterviews? Gut, mit jeder Antwort trainierst du deine Selbstklarheit und deine Positionierung und kannst souverän auf Fragen reagieren, die du niemals erwartet hättest. Du trainierst Mitarbeitergespräche? Gut, dann bitte so, dass du für schwierige Gespräche mit Mitarbeitern und Kollegen im wahren Leben gewappnet bist. Du analysierst Zahlen, Daten, Fakten eines Unternehmens? Fein. Bitte so, dass es einer Struktur folgt und du dies für deine ersten 100 Tage nutzen kannst.

Insbesondere aber geht es darum, dich in Assessments und Interviews als Persönlichkeit mit deinen Facetten zu präsentieren und herauszufinden, ob Job und Unternehmen ein *Perfect Match* für dich sind.

REFLECT!

Leuchte in jedem Auswahlverfahren, dem du dich stellst.

Du hast es geschafft. Deine Bewerbung hat die erste Hürde genommen. Du bist in die erste Runde gekommen. Herzlichen Glückwunsch.

Wenn du dich mit all den Themen oben auseinandergesetzt hast, bist du schon sehr weit. Führe dir noch mal vor Augen, worum es geht. Geht es darum, einen Job zu bekommen, oder geht es um den passenden Job? Geht es dir um den passenden Job, ist jetzt Zeit für die Extrameile. Es ist Zeit, sich mit Zahlen, Daten, Fakten zu beschäftigen und sich konkret auf das Unternehmen vorzubereiten.

Es geht mir nicht um das Klein-Klein – was solltest du anziehen, wann solltest du dort sein, nimmst du einen Kaffee oder nicht …? Mir geht es um das Große und Ganze: Dass du dem Gedanken des *Perfect Match* konsequent folgst und gleichzeitig Stolperfallen und Stressfaktoren möglichst ausweichst – durch gezielte Vorbereitung. Du tust alles, um unnötiges Scheitern und Fehlentscheidungen zu vermeiden.

Was der Personaler will

Dem Personaler geht es darum, herauszufinden, ob du das Potenzial hast, die Position in Zukunft erfolgreich auszufüllen. Deine Einstellung löst ein Problem des Unternehmens, wofür er bereit ist zu zahlen, und ist eine Wette auf die Zukunft. Auf eine Zukunft, die ungewiss ist. Das ist das Wesensmerkmal von Zukunft. Das Risiko dieser Wette soll möglichst gering sein. Es geht nicht um die beste Person, es geht um die richtige Person. Das ist automatisch die beste Person.

Was du willst

Für dich geht es um den passenden Job im passenden Unternehmen. Die Position soll das Potenzial haben, auf deine (Karriere- und Führungs-)Ziele einzuzahlen, dich zu erfüllen und dein Leben lebenswert zu machen. Auch wenn du bislang erfolgreich warst – die Umstände, das Umfeld waren anders und der Erfolg lässt sich nicht linear fortschreiben.

Stell dir vor jedem Vorstellungsgespräch die Frage: »Warum möchte ich diesen Job haben?« Kannst du ad hoc in einem Satz antworten? Nein? Das ist gut, denn diese Frage lässt sich nicht kurz und knapp in einem Satz beantworten.

Vergegenwärtige dir, warum du aus deiner jetzigen Situation raus möchtest und wohin du unter *welchen Rahmenbedingungen* möchtest. Wenn du diesem Buch gefolgt bist, hast du viele der Puzzleteilchen schon beisammen. Deine Gerne-Stärken, Kompetenzen, deine Erfolge, deine Gos und No-Gos, deine Werte usw.

Die Zeit ist gekommen zu ergründen, warum man sich in diesem konkreten Fall für dich entscheiden sollte und warum das Unternehmen das Richtige für dich sein könnte. ***Z***ahlen, ***D***aten, ***F***akten sind gefragt!

Zahlen, Daten, Fakten zusammentragen

Trag erst einmal alles zusammen, was du an Erkenntnissen gewonnen hast, falls du es noch nicht getan hast. Wie sieht das ideale Profil für diese Position aus? Die Stellenanzeige legt hier den Grundstein.

»Wenn Sie wirklich genau hinschauen, hat der Erfolg über Nacht lange gedauert.«

Steve Jobs

Lies auch zwischen den Zeilen. Was verbirgt sich zusätzlich hinter den gestellten Anforderungen? Viele Skills sind immanent und nicht genannt, werden aber benötigt. Die Fit for Future-Führungs- und Karriereskills helfen dir hier schon mal weiter.

Wirf außerdem einen Blick in Ausschreibungen ähnlicher Positionen anderer Unternehmen. Und setz dich mal gedanklich auf den Stuhl des Personalers, deiner Vorgesetzten, deiner Kollegen und Mitarbeiter. Je nach Position sogar auf den Stuhl des Aufsichtsrates. Fertige eine ausführliche Liste an. Welche dieser Fähigkeiten, Kompetenzen, Eigenschaften sind wesentlich, also Schlüsselqualifikationen für die Position? Und welche davon zeichnen dich besonders aus? Zur Erinnerung: Hier sollten vor allem auch deine Gerne-Stärken auftauchen, damit sich auch für dich ein *Perfect Match* ergeben kann. Was aus deinem »Was macht dich einzigartig?« und welche Ausbildungen, Zertifikate, Auszeichnungen, Artikel usw. zahlen noch ein? Denn: Letztlich kannst du viel erzählen. ***Überzeugend und lebendig wirst du durch die Geschichten, die von deinen tatsächlichen Erfolgen erzählen.*** So verwebst du deine Persönlichkeit mit deinen formal erworbenen Kompetenzen und deinem Erfahrungswissen und lässt in den Köpfen der Menschen, die diese Geschichten hören, ein Bild von dir in der neuen Position entstehen.

Versuche außerdem herauszufinden, was konkret auf dich zukommt. Was ist der nächste Schritt? Ein erstes Kennenlernen? Mit wem? Ein Online-Assessment? Ein Assessment-Center? Was wird gefordert? Wie ist der Ablauf geplant? Wie ist der Zeitrahmen? Ohne aufdringlich zu sein. Wer fragt, der führt. Jede noch so kleine Information ist ein Mosaiksteinchen für deine Vorbereitung und für dein Gesamtbild.

So hatte Ben etwa einen Bekannten, der zufälligerweise das Auswahlverfahren bei einer Firma durchlaufen hatte, die für Ben interessant war. Ein Glücksfall, der gar nicht so selten ist. Er konnte den Ablauf und die Aufgabentypen im Einzelassessment verständlich beschreiben. Ich konnte Ben hier gezielt auf diese Themen einstellen.

Auch konnte dieser Bekannte ihm einen guten Einblick davon geben, wie in der Firma gearbeitet wird und wo die großen Herausforderungen liegen. Dennoch war auch Ben nicht befreit davon, weitere Recherchen anzustellen.

Unternehmensrecherche – Verstehe das Unternehmen

Setze dich mit Unternehmen und Position intensiv auseinander. Eine intensive Recherche ist unerlässlich. Befasse dich intensiv mit dem Internetauftritt der Firma. Suche in Google nach Presseberichten, passenden Schlüsselwörtern und informiere dich über andere Unternehmen der Branche. Viele Informationen ergeben ein Gesamtbild: Größe, Gesellschaftsform, Produkte, Vertriebswege, Standorte, Führungsstruktur, Kundenbewertungen, Geschäftsentwicklung, Mitarbeiterstimmen, Stellenausschreibungen, Berichterstattung, Leitbild, PR, Produkte, Kundenstruktur, die wichtigsten Wettbewerber usw. Mache dir ein umfassendes Bild! Lasse nichts aus! Nimm‘ mit, was du bekommen kannst. Vielleicht gibt es sogar eine PR-Abteilung, die dir Unternehmensbroschüren, das Leitbild, Bewerberinformationen oder Geschäftsberichte zusenden. Vergiss auch nicht, dir in Onlineportalen und sozialen Medien eine Vorstellung von der Firma zu machen. Immer mehr Menschen sind aktiv in den sozialen Medien. Viele Führungskräfte positionieren sich so gezielt als Persönlichkeit. Ich nenne das »Personal Branding mit Firmenanstrich«. Sie werden als Person menschlich, mit ihren Werten, ihren speziellen Themen und ihrer Einzigartigkeit erfassbar und gleichzeitig lernst du sehr viel über das Unternehmen. Du begreifst nach und nach, wie das Unternehmen tickt, durch welche Kultur es geprägt ist. Die Themen, die nach außen sichtbar werden, spiegeln Grundhaltung und Entwicklungsgrad des Unternehmens wider. Zwischen den Zeilen kann gelesen werden, wie flexibel und fortschrittlich ein Unternehmen ist.

By the way: Ich empfehle dir diesen Weg des Personal Brandings über kurz oder lang. Möglicherweise leben wir in einigen Jahren in einer Welt ohne CVs, weil die Unternehmen die Informationen einfach aus dem Internet sammeln. Dann möchtest du vorbereitet sein.

Falls du zu einem internen Entwicklungsassessment eingeladen wirst, gilt das genauso. Auch hier solltest du dich gut vorbereiten. Sicherlich gibt es Entwicklungen, die du noch nicht mitbekommen hast, oder Veränderungen am Markt oder bei externen Einflussfaktoren, die es wert sind, vorher zu reflektieren. Gerade dann, wenn du dein zukünftiges Team bereits kennst, solltest du dir darüber Gedanken machen, wie deine ersten 100 Tage aussehen könnten und wie du das Team und einzelne Mitarbeiter entwickeln könntest. Du bewirbst dich intern, während eines großen Veränderungsprozesses? Sei dir klar darüber, was diese Veränderungen für das Geschäftsfeld und dein Team bedeuten werden und wie du damit umgehen wirst. Du bist im Vertrieb tätig? Du solltest dein zukünftiges Kundenportfolio, deren Potenziale und die Besonderheiten kennen.

Am besten bereitest du all das schriftlich und visualisiert für dich auf. So trainierst du gleichzeitig die Selbstpräsentation und

Fallstudien oder fachliche Präsentationen. All das hilft dir, souverän und authentisch aufzutreten und selbst Fragen zu stellen, die nicht an der Oberfläche kratzen. Eines Tages wirst du eine Entscheidung fällen müssen. Jede Information zahlt darauf ein. Nutze jede Gelegenheit, so viele Informationen wie möglich zu sammeln!

Das Personal Leadership-Canvas als Basis

Ich bin ein OPO-Typ. Ich liebe OPOs – one page only. Alles auf einen Blick macht es so einfach, wichtige Zusammenhänge zu erkennen und immer wieder in Erinnerung zu rufen.

Du verdienst deine persönliche Positionierung auf einer Seite. Eine Vorlage findet sich am Ende des Buches. Hier positionierst du dich mit all dem, was dich auszeichnet. In der Vorbereitung für ein konkretes Verfahren dient dir dieses Canvas als Grundlage, um diese Punkte ins Verhältnis zu den Merkmalen des Unternehmens zu setzen. Mit jedem Kontakt wird dieser Match aussagefähiger und du schärfst deinen Fokus. Hier sind deine Gos und No-Gos unentbehrlich. Dein Canva wird Stück für Stück wachsen. Mit jeder Bewerbung bekommst du zusätzliche Impulse und Klarheit. Du weißt, worauf du achten musst und wo dein Fokus liegen darf.

NIMM'S MIT

Sei vorbereitet auf das, was kommt. Immer! Bereite dich gut vor, selbst wenn du eine Einladung »nur« zu Übungszwecken annimmst. Recherchiere gründlich und lege dir ein Unternehmensprofil an. Lade dir parallel dazu dein Personal Leadership Canvas online herunter und fülle es nach und nach aus. Das ist der erste Schritt, um die beiden Seiten – Du und das Unternehmen – miteinander zu matchen. Deine Vorbereitung schriftlich festzuhalten, macht dich Stück für Stück fokussierter.

WAS BRINGT'S FÜRS AUSWAHLVERFAHREN?

Die klassischen Fragen »Was wissen Sie denn bereits über unser Unternehmen?« oder »Warum haben Sie sich ausgerechnet bei uns beworben?« kannst du dann souverän und zutreffend beantworten, wenn du intensiv recherchiert hast. Die Recherche ermöglicht dir, in jeder Gesprächs- oder Aufgabensituation zielsicher die für das Unternehmen wichtigen Punkte anzuschneiden. Außerdem helfen dir diese Informationen bei der Beurteilung, ob die Firma auch der *Perfect Match* für dich ist. Gleiche nach jedem Kontakt ab, ob die Ergebnisse und Essenz deiner Recherchen sich mit deinem persönlichen Eindruck deckt und für dich passt.

> *Fokus ist die Entscheidung, welche Dinge Sie nicht tun wollen.*
>
> John Carmack

KURZIMPULS

Mindset-Killer im Auswahlverfahren

Hat dein Profil schon mal wie die Faust aufs Auge zu einer Stelle gepasst und du hast sie trotzdem nicht bekommen? Es ist ein Irrtum, dass das fachliche Profil den Ausschlag gibt. Körperhaltung, Gestik, Mimik, Modulation der Stimme, kleine Gesten machen den Unterschied. Es ist die innere Haltung, die innere Stabilität, die in jeder Sekunde wahrnehmbar ist. Und diese wird ganz wesentlich durch deine Gedanken getragen. Die negativen Selbstgespräche, die du führst, sind von außen wahrnehmbar. Welche negativen Gedanken hast du, die du wie ein unsichtbares Schild vor dir herträgst?

Kannst du dich an dein letztes »erstes Date« erinnern? Bist du mit dem Ziel dorthin gegangen, dein Date direkt ins Standesamt zu zerren? Natürlich nicht. Ein Jobinterview, Assessment-Center solltest du genauso betrachten. Es ist ein Date, um einander kennenzulernen und festzustellen, ob die Chemie stimmt. Es birgt die Chance, ein Stück des Weges gemeinsam zu gehen und sich tatsächlich für eine längere Zeit aneinander zu binden.

Mit dieser Haltung solltest du in deine »Dates« gehen. Sie hat enormen Einfluss auf deine Wirkung und führt zu einem offenen, authentischen und souveränen Auftreten. Das befreit dich davon, dich krampfhaft richtig zu verhalten. Zumal dieses vermeintlich richtige Verhalten auch genau das falsche sein kann.

Authentizität in Interview und Assessments

Der Begriff Authentizität wird in den letzten Jahren recht inflationär genutzt. Manche lehnen Authentizität im Business ab. Hier liegt möglicherweise eine abweichende Interpretation zugrunde. Authentisches Verhalten in einem Jobinterview beinhaltet ganz und gar nicht, die Beine auf den Tisch zu legen oder Schlimmeres, nur weil man das daheim vor dem Fernseher auch machen würde. Es versteht sich von selbst, dass so die Grenzen des sozial erwünschten Verhaltens gesprengt würden. Authentisch sein meint echt sein. Aus der soziologischen Perspektive kann das durchaus beinhalten, dass jemand sich verhält, wie ihm gerade der

Sinn steht. Ich begreife Authentizität hier in einem professionellen Kontext. Passen das innere Erleben und die äußeren Handlungen zusammen, entsteht Authentizität. »Walk your talk – what you see is what you get.« Dieser Satz beschreibt mein Verständnis von professioneller Authentizität gut. »Aber vielleicht bin ich dann nicht so, wie es sich meine Gesprächspartner wünschen«, war Bens Einwand. Eine Voraussetzung für Erfolg ist, dass du an einem Ort arbeitest, an dem du unterstützt und wertgeschätzt wirst. Das kann nicht funktionieren, wenn du dein wahres Gesicht erst später zeigst. Befreie dich von dem Gedanken, dass du es jedem in jedem Gespräch recht machen kannst. Es wird immer jemanden geben, der anders denkt. Wie würdest du reagieren, wenn du das wahre Gesicht deines neuen Arbeitgebers erst nach ein paar Wochen präsentiert bekämst?

Denk noch einmal an dein erstes Date zurück. Bist du dort in deiner Lieblingshose mit Fleck, dreckigen Schuhen und zu spät erschienen? Und hattest du außerdem dein Portemonnaie und den Namen deines Dates vergessen? Wohl nicht. Vermutlich hast du dir Gedanken darüber gemacht, welche Kleidung dich wirken lässt, warst pünktlich am Treffpunkt und vorher beim Friseur.

Ich wundere mich manchmal darüber, wie viele Kandidaten den Raum leicht gehetzt und anscheinend unvorbereitet betreten. Eine Mappe mit Anschreiben und CV sowie den eigenen Notizen und einem Stift halte ich für selbstverständlich. Ähnliches gilt für pünktliches Erscheinen (aber auch nicht viel zu früh), saubere Schuhe, angemessene Kleidung und ein stimmiges Erscheinungsbild. Es ist nicht adäquat, in einer Bank zu einem Gespräch für die erste Führungsebene in nicht gebügelter Kleidung zu erscheinen. Es muss heute nicht mehr zwangsläufig das blaue Kostüm oder die Krawatte sein. Es kommt immer darauf an!

Mindestens genauso häufig bin ich erstaunt darüber, wie wenig sich manche Bewerber Gedanken darüber machen, was für die *Zukunft* wichtig ist. In Auswahlverfahren geht es um eine gemeinsame Zukunft. Dein Fundament, deine Substanz kommen aus deiner Vergangenheit und zahlen auf Gegenwart und Zukunft ein. Die Zukunft will noch gestaltet werden. Das braucht ein Bewusstsein für die aktuellen und zukünftigen Herausforderungen, für Chancen und Risiken und gute Ideen. Und eine Vision. Die Frage nach einer Vision für den eigenen zukünftigen Tätigkeitsbereich ist eine meiner Lieblingsfragen an Kandidaten. Hier trennt sich häufig die Spreu vom Weizen.

Das gilt ganz besonders für Entwicklungsassessments, wenn den Interessenten die Interna und vielleicht sogar ihre zukünftigen Mitarbeiter bekannt sind. Ohne eine Vorstellung, wie das zukünftige Aufgabenfeld entwickelt und geführt werden sollte, ist es nicht möglich zu überzeugen.

Mach nicht den Fehler, »Übungsgespräche« oder Assessments zu Übungszwecken ohne diese Vorbereitung zu durchlaufen. Wenn du übst, dann richtig. Nur so kannst du wirklich lernen und wertvolle, positive Erfahrungen sammeln. Für die innere Souveränität und mentale Stabilität ist es ein nicht zu unterschätzender Hebel, sich auf positive Referenzerfahrungen beziehen zu können.

Denk außerdem an den häufigsten Fehler, dem auch die Beobachter, Assessoren und Interviewer sich nicht immer entziehen können. ***Der erste Eindruck zählt!*** Vielleicht verbirgt sich hinter einem Job, den du eigentlich nicht haben möchtest, letztlich doch eine großartige Chance für dich.

Häufig nicht bedacht wird: Der erste Eindruck des potenziellen Arbeitgebers zählt ebenso. Nutze die Gelegenheit, unbefangen so viele Informationen wie möglich zu sammeln.

Wird der Arbeitgeber deinen Erwartungen gerecht?

Welche Erwartungen werden an dich gestellt?

Wie sind die Rahmenbedingungen?

Mit welchem Grundgefühl gehst du aus dem Gespräch?

Positiv gestimmt, negativ eingestellt, mit einem diffusen Gefühl im Bauch oder sogar in völliger Zerrissenheit? Letzteres resultiert häufig aus dem Umstand, dass es ein mindestens ein Kriterium gibt, das so wichtig ist, dass es einen gewissen Sog entfaltet. Die Nähe zum Arbeitgeber, die Sicherheit, das Gehalt, das einzige Teilzeitangebot usw. Gleichzeitig gibt es aber Aspekte, die absolute NoGos darstellen. Diese können intuitiv begründet sein oder eher im Bereich der Soft Facts liegen. Der Umgang mit Bewerbern, die Atmosphäre zwischen HR und Fachbereich, unklare Regelungen für das Homeoffice usw. Wie gesagt, ein Date ist noch keine Hochzeit. Notiere dir jeden einzelnen Punkt, auch deine emotionale Verfassung. Du musst dich nicht sofort entscheiden. Gib dir die Zeit, diesen Bauchgefühlen auf den Grund zu gehen und lass‘ dich nicht von einer Möhre, die einen starken Reiz ausübt, unreflektiert locken. Ein Date ist schließlich noch keine Hochzeit.

NIMM'S MIT

Die Haltung, mit der du in Gespräche und Assessments gehst, beeinflusst deine Wirkung. Nimm das nicht auf die leichte Schulter. Sei auch nicht verbissen. Jeder Kontakt mit einem potenziellen Arbeitgeber ist ein Kennenlernen, ein Ausloten von Optionen und Erwartungen sowie eine mögliche Erweiterung deiner Shortlist! Nicht mehr. Und auch nicht weniger.

LIES MAL WIEDER!

Diese Leseempfehlung bezieht sich ausnahmsweise auf eine Seite im Web. Das Zukunftsinstitut stellt auf seiner Internetseite https://www.zukunftsinstitut.de gehaltvoll und umfangreich Ergebnisse aus der Zukunftsforschung, Impulse, Denkanstöße und Megatrends zur Verfügung. Eine klare Empfehlung, um den eigenen Horizont zu erweitern, am Puls der Zeit zu bleiben. Und sich der Frage nach der eigenen Zukunft sowie den Zukunftseinflüssen auf die Unternehmenswelt, den eigenen Fachbereich und den eigenen Job zu stellen.

INTERVIEW MIT KATHRIN JEGLEJEWSKI (#JOBLIEBE)

Kathrin Jeglejewski steht für den Traumjob wie kaum eine Zweite und brennt für dieses Thema so sehr, dass sie aus der sicheren Anstellung, aus der Elternzeit ins kalte Wasser gesprungen ist. Kathrin glaubt an eine Welt, in der Menschen ihren Job lieben, und ist sicher, dass jeder seinen Traumjob finden kann. Der Schlüssel dazu sind die Potenziale eines Menschen und eine Portion Mut. Sie behauptet: »Du kannst nur dann happy im Job sein, wenn du dich selbst richtig kennst und entsprechend deinen Potenzialen einen Beruf ausüben kannst, der genau diesen Potenzialmix erfordert.« Sie ist nicht nur Expertin für Job und Karriere, sie ist auch Potenzialprofilerin, Keynotespeakerin, hat einen Podcast, ein Hörbuch, zwei Kinder, einen Mann, hat 5.000 oder mehr Vorstellungsgespräche auf der Unternehmensseite geführt … und ist einfach ein Energiebündel.

KERSTIN: Liebe Kathrin, als Recruiterin und Personalerin hast du ja sicherlich viele, viele Menschen gesehen, die sich umorientieren wollten, vor dem nächsten Schritt standen oder vielleicht ganz neu in den Job kommen. Was, glaubst du, hindert die Menschen daran, den Job zu machen, den sie wirklich lieben?

KATHRIN: Einerseits ist es in meinen Augen allein schon die Tatsache, dass oft Menschen beruflich in eine Richtung gehen, die gar nicht für sie bestimmt ist und für die sie sich gar nicht bewusst entschieden haben. Was meine ich damit? Das familiäre Umfeld spielt oft eine maßgebliche Rolle bei der Berufswahl. War der Papa in der Versicherungsbranche, geht die Tochter auch diesen Weg. Und merkt dann: Das ist überhaupt nicht mein Ding. Bei der Berufswahl wird kaum reflektiert, was zur eigenen Person passen könnte. Die wenigsten haben sich bewusst für ihren Beruf entschieden, weil er den Stärken und Talenten entspricht und sie sich persönlich damit identifizieren können. Oder weil das Unternehmen, Produkt oder die Dienstleistung mit ihnen resoniert. Diese intensive Auseinandersetzung braucht es, um gezielter die berufliche Ausrichtung zu finden, die den Potenzialen, Leidenschaften und Werten entspricht.

Wenn wir vom Traumjob sprechen, geht es darum: Wo kann ich einen Beruf ausüben, der meinen Talenten entspricht? Welcher berufliche Kontext bildet zum Großteil Aufgaben ab, in denen diese Talente eine Rolle spielen?

Idealerweise in einem Umfeld, in dem ich mich mit der Vision und den Werten identifizieren kann.

KERSTIN: Du brennst ja sehr für dein Thema und eines Tages hast du dich ja selbst entschieden, ohne Netz und doppelten Boden die sichere Festanstellung zu verlassen. Was treibt dich an? Warum tust du das, was du tust?

KATHRIN: Ich habe in meiner beruflichen Laufbahn an die 5.000 Vorstellungsgespräche geführt, es waren wahrscheinlich mehr. In diesen Gesprächen habe ich so viele wundervolle Menschen kennenlernen dürfen und die Erkenntnis gewonnen, dass jeder Mensch einzigartig ist. Ich brenne schon mein Leben lang auch für den Menschen. Mich begeistern Geschichten hinter Menschen. Mich begeistert es, zu sehen, wie viel Potenzial in jedem Einzelnen steckt. Das hat mich auch damals, als ich Personalerin mit dem Schwerpunkt Recruiting war, angetrieben. Jedes Gespräch ist anders verlaufen. Der Mensch hat den Unterschied gemacht. Festgestellt habe ich dabei, dass nur die wenigsten sich selbst gut kennen und ihre Potenziale einschätzen können. Und genau das hat mir die Triebkraft gegeben, dort anzusetzen. Ich möchte Menschen helfen zu erkennen, wie einzigartig sie sind und welchen Schatz an Potenzialen sie mitbringen. Ich möchte, dass Menschen wieder den Zugang zu sich selbst finden. Um den Mut zu entwickeln, ihren eigenen Weg zu gehen. Weil ich der Überzeugung bin, dass das Leben eines Einzelnen viel zu wertvoll ist und wir es nicht verdient haben, ein Leben in Mittelmäßigkeit zu leben.

KERSTIN: Was ist denn das berührendste Feedback von Kunden, das du mal bekommen hast?

KATHRIN: Ich habe wirklich schon sehr, sehr viele schöne Feedbacks bekommen. Das berührendste kam von einer Person, die ich mit meiner Arbeit begleiten durfte. Zu Beginn des Weges hat ihr die Klarheit gefehlt und sie hatte das Gefühl, in eine falsche berufliche Rolle geschlüpft zu sein. Durch unseren gemeinsamen Prozess hat sie den Zugang zu sich gefunden und hat mir dann auch gespiegelt: »Kathrin, ich habe durch dich ein unfassbar starkes Selbstvertrauen in meine Person gewonnen. Ich habe solch ein starkes Grundvertrauen in mich, in das Leben gewonnen. Ich habe den Mut entwickelt, durch dich wirklich jetzt meinen eigenen Weg zu gehen und auch den Mut bekommen, die Stimmen im Außen auszublenden.« Es ist oft eine Herausforderung, wenn wir einen neuen Weg einschlagen, mit den irritierten und zweifelnden Menschen aus unserem Umfeld umzugehen.

KERSTIN: Wie gibst du denn die Zuversicht darüber, dass es jedem möglich ist, einen Job zu finden, der dem eigenen Potenzial und Wesen entspricht?

KATHRIN: Grundsätzlich bin ich der festen Überzeugung, dass es den Traumjob für jeden gibt. Das ist meine Grundüberzeugung. Ich habe das im Laufe meines beruflichen Lebens immer wieder gesehen und kenne persönlich viele Menschen, die ihren Traumjob, ihre Jobliebe gefunden haben. Letztlich entscheidet natürlich, ob du die Zuversicht hast, dass es diesen Traumjob auch für dich gibt und dass du deinen eigenen Weg gehen kannst. Da ist jeder selbst größte Faktor in seiner Erfolgsgleichung. Wenn du nicht daran glaubst, dass es diesen Traumjob wirklich gibt, sondern dass es diesen nur in Hollywood gibt, dann ist das auch deine Realität, die du kreierst. Diese Grenzen, die wir uns oft im Kopf setzen, dürfen ausgeschaltet werden. Das ist eine Herausforderung. Als motivierende Sparringspartner an der Seite unterstütze ich dabei, diesen Prozess bewusst einzuschlagen. Aber, und das ist das Schöne, wenn man sich einmal auf den Weg macht, dann kommt ein Puzzleteil zum anderen, was sich immer mehr zu einem Big Picture zusammensetzt. Dieser Prozess gibt Zuversicht und Vertrauen. Bis dieses Bild eines Tages so klar vor einem liegt wie ein großes Puzzle mit 1000 Teilen.

KERSTIN: Du hast ja sehr viele Vorstellungsgespräche geführt. Worauf hast du geachtet, wenn du ausgewählt hast? Wonach hast du entschieden?

KATHRIN: Grundsätzlich werden im Recruiting verschiedene Methoden angewandt. Und um das jetzt kurz zu skizzieren: Man hat eine Stelle zu besetzen mit einem gewissen Anforderungsprofil. Dazu gehören einerseits fachliche Kompetenzen, um die Stelle bestmöglich auszufüllen, andererseits die überfachlichen Kompetenzen. Wie bist du als Mensch, als Persönlichkeit? Was wurde dir an Charaktereigenschaften in die Wiege gelegt, die dich zu dem Menschen machen, der du bist und dich dazu befähigen, diese Rolle auszufüllen? Beispiel: Im Kundenkontakt benötigt man ganz bestimmte überfachliche Kompetenzen, um erfolgreich zu sein. Man sollte gerne kommunizieren und mit Menschen arbeiten. Die Stellenanzeigen bilden in meinen Augen immer einen 180-prozentigen Anspruch ab. Es ist immer die eierlegende Wollmilchsau, die gesucht wird. Wohl wissend, dass man bereit sein darf, Abstriche zu machen. In den Gesprächen habe ich darauf geachtet, ob diese Person neben der fachlichen Kompetenz grundsätzlich das Potenzial für die Stelle mitbringt und ins Unternehmen passt. Die Kollegen aus dem Fachbereich haben den Fokus eher auf die Fachkompetenzen gelegt. Die fachlichen Themen aber können weiterentwickelt werden. In 90 % der Fälle haben wir uns für die Menschen entschieden, die das Potenzial mitgebracht und sich mit der Rolle und dem Unternehmen identifiziert haben.

KERSTIN: Wie lautet dein top Tipp für Bewerber für Auswahlverfahren?

KATHRIN: Mein top Tipp: Sei authentisch. Sei authentisch und zeige deine Leidenschaft und deine Begeisterungsfähigkeit für die Sache. Das ist in meinen Augen das, was am meisten zählt. Menschen folgen Menschen. Menschen »kaufen« von Menschen. Es ist am Ende die Energie, die entscheidet darüber, ob wir zueinanderpassen oder nicht. Und die Energie entsteht nur, indem ich authentisch darüber berichte, warum mir diese Stelle wichtig ist, warum mir diese Bewerbung wichtig ist, warum dieses Unternehmen wichtig ist. Warum brenne ich denn für diese Sache? Ich habe auch Menschen getroffen, die versucht haben, sich selbst zu verkaufen, aber nicht mehr authentisch waren. Erfahrene Personaler und Menschen, die da jeden Tag sitzen und Vorstellungsgespräche führen, erkennen das. Selbst wenn man so nervös ist, dass man vielleicht bestimmte Fragen nicht direkt beantworten kann. Das ist nicht schlimm. Zeig mir stattdessen, dass du das Potenzial mitbringst, dass du begeisterungsfähig bist, dass du Lust hast, auch Neues zu lernen. Lasse erkennen, dass diese Triebkraft, diese intrinsische Motivation da ist. Und das sind schon zwei top Tipps. Authentizität und intrinsische Motivation. Für beides muss dir klar sein, wer du bist und wofür du stehst. Und je klarer du das für dich weißt, umso eher wirst du auch andere von dir überzeugen können.

KERSTIN: Was ist der größte Fehler, den aus deiner Sicht eine Bewerberin, ein Bewerber in so einem Gespräch machen kann?

KATHRIN: Der größte Fehler ist, zu verkopft an die Sache heranzugehen und nur den Lebenslauf zu erzählen, ohne diese menschliche, persönliche Note einzubringen. Und natürlich ist es wichtig, sich vorzubereiten. Es ist wichtig, sich noch mal mit der Rolle in dem Unternehmen auseinanderzusetzen. Am besten löst man sich dann von dem Anspruch zu performen und sieht das Gespräch als persönliches Kennenlernen auf Augenhöhe. Die Gegenseite möchte etwas über mich erfahren. Gleichzeitig sollte der Bewerber die Chance ergreifen, das eigene Bild von dieser Rolle, diesem Unternehmen, diesem Team zu schärfen. Um nach dem Gespräch beurteilen zu können: Passen diese Rolle und dieses Unternehmen zu mir? Und das kann ich nur, wenn ich im Vorfeld für mich festgelegt habe, was in einer Zusammenarbeit wichtig ist: die Aufgaben, den Umgang, das Team und die Führungskraft betreffend. Das bedingt das Stellen eigener Fragen. Ich habe so viele Bewerber erlebt, die keine Fragen hatten. Ich habe jedes Mal die Hände über dem Kopf zusammengeschlagen. Also: Vorbereitung ist wichtig. Raus aus dem Kopf und authentisch wirken. Rückfragen stellen. Wenn man das nicht tut, vergibt man Chancen.

KERSTIN: Vorbereitung ist ein gutes Stichwort. In meiner Zeit in einem Konzern habe ich häufig erlebt, dass Menschen die Chancen, die sich aufgetan haben, einfach nicht ergreifen und nicht mitgehen konnten. Was sind denn aus deiner Sicht die Karriereskills, die fit für die Zukunft machen?

KATHRIN: In meinen Augen ist die Veränderungsbereitschaft ein essenzieller Skill, den erfolgreiche Menschen für den Job, für die Zukunft benötigen, und in dem Zusammenhang die Bereitschaft, die Veränderung als Chance zu begreifen. Wir brauchen mehr Menschen, die bereit sind, etwas zu verändern, und zwar zum Positiven, und die Veränderung nicht nur negativ sehen. Das ist für mich ein ganz, ganz essenzieller Future Skill.

KERSTIN: Ich hatte auch den Eindruck, dass Jobzufriedenheit ganz stark mit Führung und Führungskultur zusammenhängt. Wie kann der Perfect Match zwischen Mitarbeitenden und Führungskräften gelingen?

KATHRIN: Führungskräfte sollten auch das Wertesystem des Unternehmens und der Organisation transportieren. Das darf schon der erste Match sein. Wenn der nicht gegeben ist, besteht die Gefahr, dass Führungskräfte Mitarbeiter auswählen, die per se gar nicht ins Unternehmen passen. Gute Führungskräfte haben verstanden, wie ihre Rolle innerhalb der Organisation ist und warum sie in dieser Rolle sind. Im Auswahlprozess darf darauf geachtet werden, dass die Werte passen. Das ist auch für die Mitarbeiterbindung wichtig.

KERSTIN: Du persönlich tust ja auf Seite der Kandidatinnen und Kandidaten dafür, dass dieser Perfect Match entstehen kann. Was möchtest du unternehmen, damit du noch viel mehr in deinem Thema bewegen kannst? Wie ist deine Vision?

KATHRIN: Mir ist es ein Herzensanliegen und das ist auch Teil meiner Vision, schon viel früher anzusetzen. Und zwar bei jungen Menschen. Damit sie sich schon sehr früh die Frage stellen, wie ihre ideale berufliche Ausrichtung aussehen könnte, sodass sie jeden Tag glücklich motiviert sind. Das wäre etwas, was mir ein Herzensanliegen ist. Aktuell arbeite ich mit Fach- und Führungskräften zusammen, die schon einen Teil ihrer Reise hinter sich haben und zu mir kommen, weil sie nicht glücklich sind. Und dann schaffen wir gemeinsam die Kehrtwende. Aber je früher wir bei den jüngeren Menschen anfangen, umso nachhaltiger können wir eine Welt erschaffen, in der Menschen wirklich das tun, was sie lieben. Daraus entsteht dann eine andere Lebensfreude auf der Welt. Das wäre mir wichtig.

KERSTIN: Wenn du einen Wunsch frei hättest und irgend jemanden auf der Welt zum Dinner treffen könntest, wer wäre das?

KATHRIN: Tony Robbins würde ich wirklich gerne mal treffen, weil er in meinen Augen beweist, dass wirklich alles möglich ist – egal, wie deine Story ist, egal, was du erlebt hast im Leben, egal, wie schwer das Päckchen war, das du zu tragen hattest. Du kannst jederzeit die Entscheidung treffen. Wir haben die Macht, die Verantwortung für unser Leben zu übernehmen und damit Großes zu erschaffen. Er ist eine sehr inspirierende Persönlichkeit. Mit ihm mal einen Tag zu verbringen und seine Geschichte zu hören. Das finde ich spannend.

KERSTIN: Liebe Kathrin, worauf kommt es wirklich an im Leben?

KATHRIN: Ich in meinen Augen geht es darum, glücklich zu sein, und zwar idealerweise jeden Tag, ohne sich damit auch gleichzeitig unter Druck setzen zu müssen. Und deswegen ist es mir natürlich ein Herzensanliegen, gerade Menschen in ihrer beruflichen Entwicklung zu ihrem beruflichen Glück zu begleiten, weil der Beruf einen Großteil unserer wertvollen Lebenszeit ausmacht. Denn ich möchte eines Tages am Ende meines Lebens in meinem Lieblingssessel sitzen und voller Überzeugung sagen können: »Ich habe mein Bestes gegeben, um jeden Tag glücklich zu sein.« Es ist wichtig zu erkennen, was einen selbst glücklich macht. Das tun viele nicht und ich wünsche mir, dass viel mehr Menschen das tun.

KERSTIN: Dies ist ein schönes, schönes Schlusswort, liebe Kathrin. Vielen, vielen Dank!

CREATE!

Gib den Auswahlverfahren deine besondere Note.

#15 – SELBSTPRÄSENTATION – ERZÄHL EINE GESCHICHTE. DEINE!

»Ich bin Ben. Ich bin Projektleiter für ein Vertriebssteuerungsprojekt bei der Vertriebs AG. Ich leite das Projekt seit drei Jahren erfolgreich. Ziel ist, dass die Vertriebs AG in Zukunft die relevanten Steuerungskennzahlen für ihren Vertrieb zeitgerecht und in guter Datenqualität auf allen Aggregationsebenen erhält und schnell miteinander verknüpfen kann. Das ist anspruchsvoll, bereitet mir aber Freude. Nach drei Jahren ist es jetzt mal an der Zeit für mich, den nächsten Schritt zu gehen.« Wie wirkt diese Vorstellung auf dich?

Ich fühlte mich etwas überrollt. Ben hat uns nichts darüber verraten, wem er wie konkret hilft und welchen Beitrag er im Unternehmen leistet. Und: Nichts davon bleibt im Kopf. Wer sich aber positionieren und herausragen möchte, sollte einen Platz im Kopf seiner Zielgruppe einnehmen. Auch als Bewerber.

»Guten Tag, mein Name ist Ben Hagemeier. Während andere über die stürmischen Wetterlagen am Markt lamentieren, bin ich Radar und Leuchtturm in einem. Ich helfe allen Vertriebskollegen bis zum CFO, Herr der Lage zu bleiben und nicht zum Spielball der Wellen zu werden. Ich kombiniere mein tiefes BI-Know-how mit einem klaren Blick für die Bedürfnisse meiner internen Kunden. Mit meinem Hochleistungsteam verwandle ich einen trägen Vertriebstanker in dynamische Schnellboote.«

Das bleibt im Kopf! Es ist aber noch nicht aussagefähig genug. Was tut Ben konkret? Was bewirkt er? Er könnte sich auch so vorstellen:

»Guten Tag, mein Name ist Ben Hagemeier. Während andere über die stürmischen Wetterlagen am Markt lamentieren, bin ich Radar und Leuchtturm in einem. Ich helfe allen Vertriebskollegen bis zum CFO, Herr der Lage zu bleiben und nicht zum Spielball der Wellen zu werden. Das tue ich, in dem ich mit meinem Team passgenaue, intuitive Vertriebsberichte entwickle und produziere. Ich kombiniere mein tiefes Business Intelligence-Know-how mit einem klaren Blick für die Bedürfnisse meiner internen Kunden. Mein Hochleistungsteam und ich haben gemeinsam mit unseren Vertriebsmitarbeitern einen trägen Vertriebstanker in dynamische Schnellboote verwandelt.«

Ich höre dich fast sagen: »Das ist aber überaus dick aufgetragen. Das ist einfach zu viel.« Ja, das passt sicherlich nicht zu jedem und könnte sehr dick aufgetragen wirken. Wichtig ist: Unser Gehirn mag Bilder. Deine Gesprächspartner mögen es, sich ein Bild von dir machen zu können. Wenn dir deine Vorstellung auf diese Weise formuliert Unbehagen bereitet, specke in der Formulierung ein wenig ab. Aber ermögliche deinen Zuhörern, sich ein Bild von dir zu machen! Und unser Gehirn mag Struktur: Wer bin ich? Was bin ich? Was tue ich? Wie tue ich das? Was erreiche ich damit?

Die Selbstpräsentation in einem Auswahlverfahren hat mehrere Facetten. Mit Selbstpräsentation in einem Assessment-Center ist häufig die Vorstellung des Kandidaten assoziiert. Sie kommt in verschiedensten Gewändern daher. Von »Stellen Sie sich doch mal kurz vor« bis zu einer Vorstellung, die schon von dir vorbereitet den Weg ins Assessment-Center findet.

Was auch immer von dir erwartet wird, erzähle Inhalte, die für die Position und das Unternehmen interessant sind und streue nebenbei Informationen in deine Selbstpräsentation Informationen ein, die das Bild von dir rund machen. Langweile nicht, sondern unterlege deine Behauptungen, mit Substanz. Welche Probleme hast du gelöst? Wie hast du sie gelöst? Gegen welche Hindernisse hast du erfolgreich angekämpft? Wie bist du mit diesen Hindernissen umgegangen? Was war das Ergebnis und wie hat dieses Ergebnis auf den Unternehmenserfolg eingezahlt?

Zur Erinnerung: Worum geht es hier?

Man möchte herausfinden, ob Kandidat, Position und Unternehmen zusammenpassen. Versetze dich in die Lage des Unternehmens, das eine Position zu besetzen hat. Kein Personaler möchte verantwortlich dafür sein, die falsche Person auf einer wichtigen Position platziert zu haben!

»The best way to predict your future is to create it.

Peter F. Drucker

- Passt der Kandidat zu uns????
- Wird er die Anforderungen, die wir an ihn stellen, erfüllen????
- Wird er unsere Erwartungen erfüllen????
- Zahlt er auf die Zukunft unseres Unternehmens ein????
- Wird er unsere Probleme lösen????

All diese Fragen stehen mehr oder weniger ausgesprochen im Raum. Jeder Kontakt, jedes Gespräch, jede Frage bietet eine Gelegenheit, diese Fragen zu beantworten. Nur wenn sich BEIDE Parteien ein möglichst genaues Bild voneinander machen können, kann eine gute Entscheidung getroffen werden. Sorge dafür, dass du mit deiner ganzen – echten – Persönlichkeit und dem, was dich zum richtigen Kandidaten macht, im Gedächtnis bleibst. Und das geht am besten mit Geschichten.

Geschichten bleiben besser im Gedächtnis, erzeugen Bilder und verknüpfen unbemerkt verschiedene Aspekte miteinander. Nebenbei bemerkt: Das tun sie auch dann, wenn die Geschichten inkonsistent und unglaubwürdig sind. Wahr, zielgruppengerecht, nutzwertig und lebendig – vier Attribute für deine Selbstpräsentation. Eine gute Story, die unecht ist, ist manipulativ. Und führt dich nicht zum Ziel: Du willst nicht nur als die beste Person für die Position wahrgenommen werden. Du möchtest den besten Job für dich finden. Für dich als Persönlichkeit mit deinen persönlichen Zielen, Ambitionen und deinen Werten.

Sicheres Auftreten bei völliger Ahnungslosigkeit solltest du dir für andere Gelegenheiten aufheben.

Was macht eine gute Story aus?

Eine gute Story erzeugt Kopfkino. Durch die reine Aufzählung von Fakten gelingt das nicht. Aufmerksamkeit erzeugt einen

Handlungsbogen, der eine Geschichte in vier Schritten erzählt:

Die Hauptfigur

- hat ein bestimmtes Ziel,
- muss Hindernisse bewältigen, Neues lernen und sich transformieren
- und wird erst dann ihr Ziel erreichen. Happy End!

Ich kann es nicht oft genug betonen: Es geht darum, in Gesprächen und Assessments das warme Gefühl von Sicherheit zu hinterlassen, dass du die richtige Person am Steuer sein wirst. Man will sich ein konkretes Bild von dir als Person machen! Über die Art und Weise, wie du arbeitest, auch stürmischen Widerständen standhältst und auch bei schlechten Wetterbedingungen mit deiner Crew den Zielhafen erreichst.

Wer eine Geschichte erzählt, macht den Zuhörern das Angebot, etwas aus einer anderen Perspektive zu betrachten, neue Sichtweisen einzunehmen oder zu weiterführenden Fragen zu kommen. Das ist ein Geschenk für jedes Interview. Aus Fragen, die an Geschichten anknüpfen, entstehen spannende Interviews und angenehme Gespräche.

Jede Frage ist eine Einladung zu einer kleinen Story

Die Selbstpräsentation geht deutlich über die Vorstellung der eigenen Person hinaus. Jede Selbstpräsentation, jede Frage bereitet dir die Bühne, dich selbst zu präsentieren! Das wird im Eifer des Verfahrens häufig vergessen: Auf eine klare Frage eine knappe Antwort zu liefern – ist das zielorientiert oder eine vergebene Chance?

Nach meiner Erfahrung Letzteres. Langweilig. Inhaltsschwach. Unsouverän. Ohne großen Nutzen.

Jede Frage während eines Interviews kann von Bewerbenden dazu genutzt werden, eine kleine Geschichte zu erzählen, die interessant ist und Stück für Stück ein Bild von ihnen entstehen lässt. Ausführlicher gehe ich in Kapitel #16 auf dieses Thema ein.

Die Ich-Story in der Selbstpräsentation

Im Marketing gibt es eine Regel für Webseiten: Rede auf der »Über-mich-Seite« nicht so sehr über dich, rede darüber, was du für deine Kunden tun kannst! Diese Regel kannst du dir hier zu eigen machen. »What's in for me?« fragen sich dein Gesprächspartner oder die Beobachter im Assessment-Center. Diese Frage läuft in Dauerschleife mit. Verrate es doch einfach! Man möchte etwas über deinen Charakter, deine Qualifikation und deine Erfolge wissen! Erläutere nicht nur, was du gemacht hast, sondern auch WIE du es gemacht hast und mit welchen RESULTATEN. Überlege dir vorher genau, welche Anforderungen zwischen den Zeilen stehen und im Grunde immanent sind. Welche Softskills sind gefragt? Was ist nicht so gut gelaufen? Welche Fehler sind dir passiert? Was hast du daraus gelernt? Authentisch? – Ja. Wahr? – Ja. Situationsgerecht angepasst? – Unbedingt! Glatt wie meine neue Teflonpfanne? – Nein! Auf keinen Fall!

Anforderungen an eine Selbstpräsentation

Die Selbstpräsentation benötigt einen roten Faden. Dieser ist wichtiger als die Chronologie.

- Du lässt erkennen, dass du die fachlichen Anforderungen erfüllst. Auch gilt wieder: keine leeren Phrasen, sondern Lebendigkeit durch Beispiele!
- Du zeigst Aktivität und bringst zum Ausdruck, weshalb du diese Position einnehmen möchtest. Individuelle, glaubwürdige Gründe statt Standardfloskeln!
- Du stellst dein individuelles Profil dar, das zu dem Anforderungsprofil passen muss. Achte auf die strategische Gewichtung deiner früheren Positionen und Kompetenzen.
- Lasse Beispiele für deine sozialen, methodischen und Leadership-Kompetenzen einfließen.
- Beschreiben ja. Bewertung nein.
- Schlüsselbegriffe aus der Ausschreibung und aus dem Tagesgeschäft einflechten.

Interviewpartner und Beobachter nehmen Feinheiten wahr

Du möchtest die Beobachter für dich gewinnen. Verwende besser aktive Formulierungen als passive Formulierungen! Und verwende positive Formulierungen! Achte auf deine Körpersprache, Gestik und Mimik!

Visualisieren ist nach Geschichten der zweite Weg, sich im Kopf der Menschen zu platzieren! Bilder werden von den Beobachtern besser aufgenommen und verankern sich besser. Frage im Zweifel nach, ob es zeitlich passt, wenn du deine Selbstvorstellung mit Visualisierungen unterstreichst. Und wenn gar keine Zeit dafür vorgesehen ist, der Name am Flipchart geht fast immer.

NIMM'S MIT

Die Selbstpräsentation ist deine Chance, dich authentisch und souverän zu präsentieren. Dich so zu präsentieren, wie es dir entspricht. Die Vorstellung der eigenen Person wird in unterschiedlichsten Ausprägungen immer erwartet. Nutze die Gelegenheit, deine eigene, wahre Geschichte zu schreiben.

WAS BRINGT'S FÜRS AUSWAHLVERFAHREN?

Die Notwendigkeit, sich über die Präsentation der eigenen Person Gedanken zu machen, liegt auf der Hand. Ob erstes Kennenlernen, weiterführende Gespräche, Development-Center oder klassisches Assessment-Center, du wirst dich immer vorstellen müssen.

Die Bitte, dich vorzustellen, wird unterschiedlich an dich herangetragen. Von »Bitte stellen Sie sich kurz vor.« über »Erzählen Sie doch etwas über sich.« bis hin zu einer ausführlichen Präsentationsaufgabe, ist alles möglich.

Der Zeitrahmen dafür kann bei einer Minute, aber auch bei 10 Minuten liegen. Die intensive Auseinandersetzung ist Pflicht, denn mit deiner Vorstellung solltest du Pluspunkte sammeln.

KURZIMPULS

Ablauf eines Einzelassessments – ein Beispiel

Jedes Assessment ist anders gestrickt, es gibt keine Normen und Regeln. Aber es gibt »typische« Abläufe, die natürlich auch davon abhängig sind, ob es sich um Einzel- oder Gruppenassessments handelt.

Die Anzahl der möglichen Elemente eines Assessment-Centers ist hoch, und für die konkrete Ausgestaltung gibt es eine schier unendliche Anzahl von Möglichkeiten. ***Die inhaltlich konkrete Vorbereitung auf bestimmte Elemente hilft zwar, nützt aber nicht***. Es ist nicht sinnvoll und möglicherweise sogar schädlich, sich auf spezifische Inhalte vorzubereiten, die vielleicht gefragt sein könnten. Sinnvoll ist es, allen Fragen rund um die eigene Kompetenz, den Werdegang, die Stärken und Schwächen usw. situativ begegnen zu können. Für die konkreten Elemente des Assessment-Centers empfehle ich, Hintergrund- und Methodenwissen zu Assessment-Centern entwickeln. Durch Training lässt sich eine Reihe von Verhaltensoptionen erschließen und verinnerlichen, die in den verschiedensten Situationen dienlich sein können. Dazu kommen die eigenen Erfahrungen. Auf diesem Nährboden können die Tipps und Tricks für die Herangehensweise an die unterschiedlichen Aufgabentypen besonders gut greifen. Hierzu gibt es im Online-Bereich zu diesem Buch konkrete Impulse. Alle Impulse sind tauglich für deinen Alltag und helfen dir bei Kommunikations- oder Selbstorganisationsaufgaben. Alles andere wäre Zeitverschwendung.

09:00		*Begrüßung und Anmoderation*
09:15	– *09:45*	*Vorbereitung Selbstpräsentation*
09:30	– *09:40*	*Selbstpräsentation*
09:40	– *10:40*	*Interview*
10:40	– *11:00*	*Kaffeepause*
11:00	– *11:45*	*Vorbereitung Fallstudie*
11:45	– *12:15*	*fachliche Präsentation und Fragerunde*
12:15	– *13:15*	*Mittagspause*
13:15	– *13:30*	*Vorbereitung Mitarbeitergespräch*
14:00	– *14:15*	*Durchführung Mitarbeitergespräch*
14:15	– *14:30*	*Vorbereitung Kollegengespräch*
14:30	– *14:45*	*Durchführung Kollegengespräch*
15:00		*weiteres Vorgehen und Abschluss*

#16 – Wer fragt, der führt? Wer führt, der fragt. Das Jobinterview

Viele Bewerber sind erleichtert, wenn sie statt eines Assessment-Centers ein Jobinterview führen sollen. Ein Gespräch zu führen, erscheint etwas einfacher und besser kontrollierbar, als sich Brainteaseraufgaben, Rollenspielen oder Präsentationen aussetzen zu müssen.

Ein gut geführtes Interview ist nicht ohne Grund eines der besten Diagnostikinstrumente für Auswahlverfahren – sofern sie professionell gemacht sind. Es ist Bestandteil eines jeden Verfahrens. In Führungsassessments sind Interviews ein wichtiger Baustein. Wer sich nicht gut vorbereitet und nicht hinter die Kulissen von Jobinterviews blickt, vergibt Chancen. Vielleicht sogar DIE Chance, den entscheidenden Unterschied zu machen.

Gerade in gut strukturierten Führungskräfte-Assessments ist immer ein erfolgskritischer Punkt, ob jemand reflektiert wirkt, in die Eigenverantwortung geht und ob der *Cultural Fit* passt. Je nach Position kann es sogar sein, dass der *Cultural Fit* der wesentliche Punkt ist. Getreu der Leitlinie »alles andere kann man lernen«. Nach meiner Erfahrung: Je höher oder spezialisierter die Position, desto mehr wird auch nach konkreten Skills und vor allem Erfolgen der bisherigen Laufbahn gesucht.

Ben ist zweifellos der Experte für seine eigene Person. In dem Interview jedoch wurde schnell offensichtlich, dass er sich nicht mit seiner Persönlichkeit und seinen Kompetenzen und Potenzialen auseinandergesetzt hat. Er konnte nicht zeigen, was er kann, und ließ kaum durchschimmern, inwieweit ihn sein Entwicklungsweg noch tragen könnte.

Mit einer guten Vorbereitung wird jedes Interview zum Herzstück des Verfahrens. Nicht nur für das Unternehmen, auch für dich! Die Art der Fragen, der Umgang mit dir, die Antworten auf deine Fragen, lassen dich mehr über das Unternehmen und die Kultur erfahren als alle anderen Kontakte mit der Firma.

Das traditionelle Vorstellungsgespräch

Es ist gar nicht so selten, dass selbst Personaler eher traditionelle Fragen stellen. Es entsteht eine nette Gesprächsatmosphäre, man stellt die klassischerweise erwarteten Fragen und klopft einander ab. Fragen wie »Welche Stärken und Schwächen haben Sie?« oder »Was möchten Sie in fünf Jahren erreicht haben?« sowie »Warum möchten Sie Ihren aktuellen Arbeitgeber verlassen und zu uns kommen?« und »Was ist Ihnen als Führungskraft wichtig?« werden schon seit eh und je gestellt. Die klassischen, sozial erwünschten Antworten werden schon seit eh und je gegeben.

Für reine Vorstellungsgespräche wie ein erstes Kennenlernen oder ein Abklopfen zwischen Bewerber und dem späteren Vorgesetzten auf Sympathie ist das ein gangbarer Ansatz. Um festzustellen, ob ein Bewerber eine Position tatsächlich erfolgreich ausfüllen kann, ist die Aussagefähigkeit äußerst begrenzt. Aber das ist erst einmal nicht dein Thema. Auch wenn sich diese Fragen einfach anhören, liegen hier Stolperfallen. Ben ist das beste Beispiel dafür. Auch auf diese Fragen solltest du Antworten geben können, die Substanz haben.

Lass hier keine Gelegenheit aus, deine Antworten fundiert zu untermauern! Mit Beispielen und den konkreten Resultaten, die du erzeugt hast. Wie gehst du typischerweise vor, wie gehst du mit Herausforderungen, Gegenwind und Fehlern um? Welche Anforderungen der Stellenausschreibung kannst du hier schon bedienen? Und bitte tu nicht so, als seist du perfekt. Das ist niemand. Das ist auch nicht erstrebenswert. Führungskräfte, die unter Beweis gestellt haben, dass sie Krisen und Herausforderungen gewachsen sind, sind die Führungskräfte der Zukunft.

Unbedingt solltest du gute Fragen an deine Gesprächspartner im Gepäck haben. Ich bin manchmal erstaunt darüber, wie stark erfahrene und gestandene Führungskräfte in Bewerbergesprächen sich dem Prozess beugen.

In einem Vorstellungsgespräch stellen sich alle Beteiligten vor. Das Unternehmen bewirbt sich auch bei dir! Du bist die Person, die ihr gesamtes Know-how, ihr Erfahrungswissen und ihre Lebenszeit zur Verfügung stellt. Für den Erfolg des Unternehmens. Deswegen müssen solche Gespräche auf Augenhöhe geführt werden. Voraussetzung dafür ist deine Einstellung. Nutze die Gelegenheit, alle Informationen zu erfragen, die dir fehlen, um die Passung zwischen dir, dem Unternehmen und der Position einschätzen zu können. Deine Gesprächspartner auf der Arbeitgeberseite nehmen sich dieses Recht ebenfalls heraus.

Letztlich ersetzt diese Form des Jobinterviews nicht das Einsetzen weiterer Instrumente, die geeigneter sind, das Profil eines Kandidaten zu erfassen. Sofern ein Unternehmen auf den Einsatz weiterer Instrumente verzichtet, obliegt es dir, deine Schlüsse daraus zu ziehen.

Das situative Interview

In situativen Jobinterviews werden »Stellen Sie sich vor …«- oder »Was wäre, wenn …«-Fragen gestellt. Du wirst mit konstruierten Situationen und Fallbeispielen konfrontiert. Anhand der Antworten beabsichtigt man herauszufinden, wie du agierst und ob du die Herausforderungen meistern wirst. Das kann auch in kleine Rollenspiele münden. Ich empfehle dir, dich darauf einzulassen. Diese Beispiele sind in der Regel so gewählt, dass du keinen weiteren Input benötigst, um zu reagieren. Viele Bewerber stellen dennoch mehrere Nachfragen oder antworten selbst hypothetisch. Sie weichen aus. Erspare dir, dass dein Gegenüber dich abermals auffordern muss, dich auf die Aufgabe einzulassen.

Für dich selbst sind diese Fragen Gold wert. Sie geben dir Hinweise darauf, wie in dem Unternehmen gearbeitet wird und was in der angestrebten Position von dir erwartet wird.

»Sie haben einen Mitarbeiter, der in der vergangenen Woche die Anzahl der geforderten Kundengespräche nicht erfüllt hat. Statt drei Gesprächen pro Tag waren es in der vergangenen Woche nur insgesamt zehn Gespräche. In den letzten zwölf Monaten ist das bereits zweimal vorgekommen. Wie gehen Sie damit um?«

Solche Fragen sind großartig für dich. Aus dieser Frage lassen sich interessante Informationen zur Vertriebskultur und die Anforderungen an Vertriebsmitarbeiter und deren Führungskräfte ableiten. Entspricht die Philosophie der Firma deinen Vorstellungen? Passt dieses Unternehmen in dein Anforderungsprofil? Mach dir direkt nach den Gesprächen Notizen dazu und nimm die gewonnenen Informationen in deine Analyse auf.

CV und biografische Fragen

In nahezu jedem Verfahren wird der Lebenslauf auf den Prüfstand gestellt. Eine Ausnahme mögen interne Verfahren sein.

Aber auch dann kann es sinnvoll sein, den Lebenslauf als Aufhänger zu nutzen. Die Fragen zum Lebenslauf werden häufig in den ersten Phasen des Interviews gestellt. Denn: Alle geforderten Kompetenzen, Fähigkeiten und Eigenschaften lassen sich anhand des Lebenslaufes in Verbindung mit biografischen Fragen abklopfen. Wirklich alle.

Beantworte die Fragen direkt in angemessener Tiefe, unterlege sie mit Beispielen und Resultaten. Bitte ohne zu schwafeln. Das sagt etwas über deinen Umgang mit Zeit und wesentlichen Informationen aus und birgt die Gefahr, dass das Interview aus Zeitgründen vorzeitig abgebrochen wird.

Das strukturierte Interview

Das strukturierte Interview gilt als zuverlässiges Instrument in der Personaldiagnostik. Es ermöglicht eine hohe Vergleichbarkeit von Kandidaten, da allen die gleichen Fragen in der möglichst gleichen Reihenfolge gestellt werden. In der Regel orientieren sich die Fragen stringent am Anforderungsprofil und sind vergangenheitsbezogen oder simulativ. Mit simulativen Fragen sind »Was-wäre-wenn«-Fragen gemeint. Es wird danach beurteilt, wie ein Kandidat in einer fiktiven, aber realistischen Situation handeln würde.

Den Fragen werden die zu erfüllenden Anforderungen klar zugeordnet. Es ist üblich, pro Anforderung mehrere Fragen zu stellen. Während des Interviews sind Nachfragen des Kandidaten nicht vorgesehen, um dem Interviewleitfaden stringent folgen zu können und das Interview später einheitlich statistisch auswerten zu können. Folgende Annahme liegt dieser Vorgehensweise zugrunde: Je stärker ein Interview strukturiert ist, desto geringer ist der Einfluss von Störgrößen, die das Ergebnis beeinträchtigen. Und desto höher ist die Qualität der Prognose für die Passung eines Bewerbers zu einem Anforderungsprofil.

Geschulte Interviewer gehen strukturiert vor und setzen die STAR-Methode ein. Ist die Antwort auf eine Frage nicht umfassend genug, hakt der Interviewer an mindestens einem der folgenden Punkte nach:

Situation,
Task,
Aktion oder
Resultat.

Am elegantesten ist es, diesen konkreten Nachfragen zuvorzukommen. Was der STAR für die Interviewer ist, bietet der PAR für die Kandidaten. Unser Gehirn liebt Muster. Das Interview wird reibungslos funktionieren, wenn die Antworten systematisch einem Dreischritt folgen, der die Grundidee des STAR-Modells vorwegnimmt:

Problem
(Situation, Herausforderung, Thema)
Aktion
(Was hast du konkret getan? Welche Entscheidung hast du getroffen? Was hast du gelernt?)
Resultat
(Wie war das Ergebnis? Was hat es genützt? Wie hat es auf den Unternehmenserfolg eingezahlt?)

Mit der PAR-Struktur vermeidest du die typischen Fehler in Interviews – wie das Benutzen leerer Worthülsen, zu ausführliche und gleichzeitig inhaltsarme Antworten, zu kurze Antworten oder gar Antworten, die standardisiert und auswendig gelernt wirken. Niemand. Möchte. Floskeln. Hören.

PAR bringt Leben in die Antworten.

Es ist wie das Erzählen von Mini-Storys, worauf ich im vorherigen Kapital eingegangen bin. Es muss nicht für jede Frage ein Hollywood-Plot aufgebaut werden. Mit PAR kannst du auf jedwede Frage inhaltsvoll reagieren und dir die Wirkung von Geschichten zunutze machen. Selbst in so einem stark standardisierten Interview lässt du dich und deine Persönlichkeit leuchten und sorgst dafür, dass sich Interviewer und Beobachter ein konkretes, facettenreiches Bild von dir machen können. Vor allem zahlst du so automatisch auf den wichtigsten Punkt ein: Das Unternehmen möchte wissen, *ob* du der Position gewachsen bist und *wie* du agierst, um Ziele zu erreichen und Ergebnisse zu liefern. Es geht immer um deine Wirksamkeit. Fachlich und in der Führung.

Wichtig ist, *deinen* Beitrag herauszustellen! Eher bescheidene Führungskräfte betonen hier häufig den Beitrag, den ihr Team geleistet hat. Das ist bewundernswert. Hier ist jedoch gefragt, welchen Beitrag *du* geleistet hast. Welchen Fußabdruck hast du hinterlassen?

PAR eignet sich nicht nur für strukturierte Interviews. PAR ist ein Multitalent für alle möglichen Situationen, in denen es darum geht, Erfolge glaubwürdig und nachvollziehbar darzustellen!

Ohne Anforderungsprofil geht nichts

Es ist eine goldene Regel für Personaler, dass ohne ein dezidiertes, klar definiertes Anforderungsprofil keine fundierte Entscheidung getroffen werden kann. Ein Auswahlverfahren mit einem klaren Anforderungsprofil kann sinnvoll die richtigen Bewerber auf dem richtigen Platz zur richtigen Zeit identifizieren. Je nach Zielsetzung auch den Entwicklungsbedarf. Die Profis unter den Personalern und Recruitern strukturieren die Interviews so, dass sie mehrere Bewerber miteinander vergleichen können. Die gleichen Fragen werden in der gleichen Reihenfolge gestellt. Die Qualität der Fragen stellt sicher, dass die Antworten Informationen zu konkreten Anforderungen liefern. Zu einem Anforderungskriterium gibt es mehrere Fragen oder auch zusätzliche Übungen in einem AC.

Die Profis unter den Personalern und Recruitern können die Kernkompetenzen sowie die geforderten Fach-, Feld- und Führungskompetenzen genau benennen. Die Kernkompetenzen sind der High-Level-Standard unter den Personalern. Kernkompetenzen umfassen die Fähigkeiten einer Person, die sie im Kern befähigen, grundlegende Aufgaben zu bewältigen und Leistung zu erbringen. Sie sind häufig eher übergeordneter Natur, umfassen Softskills und sind nicht ad hoc erlernbar. Sie sind zu trennen von der Fach- und Feldkompetenz und somit nicht auf einzelne Branchen oder Positionen beschränkt. Die Kenntnis der nötigen Kernkompetenzen und der entsprechende Abgleich in den Auswahlverfahren dient als Einschätzungsgrundlage für das Potenzial eines Mitarbeiters, auf Kernkompetenzen aufbauend weitere Kompetenzen und Fähigkeiten zu entwickeln.

In einem gut ausdifferenzierten Anforderungsprofil finden sich also über die geforderten Fach-, Feld- und Branchenkenntnisse hinaus die erfolgskritischen Kernkompetenzen. Häufig sind sie in den Ausschreibungen nicht oder nicht vollständig benannt und stehen zwischen den Zeilen.

Die goldene Regel und den High-Level-Standard solltest du dir zu eigen machen und für dich nutzen:

Kenne das Anforderungsprofil der Position genau! Seziere das Profil und ergänze es um Kernkompetenzen, die die Position mit sich bringt, die aber vielleicht nicht konkret genannt sind. Matche das Profil in alle Richtungen mit deinem Lebenslauf, deinem Profil und deinen Erfahrungen. Das ist absolute Pflichtübung! Die tragfähige Basis findest du in Teil I und II dieses Buches.

Verstehe, was von dir erwartet wird! Du kannst nicht früh genug beginnen, Erwartungsmanagement zu betreiben. Nach meiner Erfahrung wird dies im Job häufig unterschätzt und in den Vorgesprächen als Gesprächspunkt häufig gescheut. Das ist ein großer Fehler. VORHER herausfinden, was dich NACHHER erwartet – darum geht es. Wie sonst kannst du entscheiden, ob du der Position, deinen Mitarbeitenden und dem Unternehmen gerecht werden kannst und willst? Wie sonst kannst du in die Vertragsverhandlungen eintreten? Wie sonst kannst du dich von Anfang an in deiner neuen Position souverän und erfolgreich positionieren? Nebenbei bemerkt ist Erwartungsmanagement ein zentrales Thema während der ersten 100 Tage. Besonders junge Führungskräfte bemerken das häufig erst, wenn der Zug schon abgefahren ist. In dein Fragerepertoire solltest du also Fragen wie »Was erwarten Sie von mir als Führungskraft konkret?« oder »Woran merken Sie in 6 Monaten konkret, dass ich Ihre Erwartungen erfüllt habe?« unbedingt aufnehmen.

Kenne deine Anforderungen an deine nächste Stelle und das Unternehmen! Auch im Flow eines Verfahrens und dem unbedingten Wunsch, ein Verfahren zu meistern, wirst du am Ende eine Position nur dann erfüllt ausfüllen können, wenn es passt. Alle Informationen, die du im Laufe des Verfahrens sammelst, solltest du mit deinem Anforderungsprofil an deine nächste Position matchen. Denk dran: Das Unternehmen bewirbt sich auch bei dir!!!

Stelle deine Fragen zu geeigneter Zeit! Wohl überlegt und gezielt. Im Idealfall strukturierst du sie ebenso, wie professionelle Interviewer dies handhaben. Die gleichen Fragen in der gleichen Reihenfolge. Erfrage so viel wie möglich über das Unternehmen und seine Kultur, die Position und die Erwartungen an dich. Ich rate dir, möglichst viele Gespräche und Auswahlverfahren zu führen, damit du dir eine Shortlist anlegen kannst. Das tun die Unternehmen auch. Damit sie vergleichen und auswählen können. Wer fragt, der führt!

Bilde dir eine eigene Meinung nach Abschluss des Verfahrens! Wie professionell / weitsichtig / wirksam / sympathisch hat sich das Unternehmen gezeigt? Was kannst du für dein Wertesystem und deine Erwartungen an deinen zukünftigen Arbeitgeber ableiten?

Natürlich hat sich Ben vor seinem nächsten Auswahlverfahren ganz anders vorbereitet und ein Interview simuliert. Ein Interviewtraining bringt nicht nur Einsichten und erhöht die Selbstsicherheit. Es trainiert auch die Schlagfertigkeit.

NIMM'S MIT

Schenke dem Anforderungsprofil Beachtung und übe Interviews.

Niemand. Möchte. Floskeln. Hören.

Notiere dir unbedingt Fragen, die du stellen möchtest. Es ist wichtig, dass auch du dir ein Bild machen kannst, ob die Firma ein guter Partner für deine Zukunft ist.

VORHER herausfinden,
was HINTERHER auf dich zukommt!

Mögliche Fragen:
Woran würden Sie in sechs Monaten merken, dass ich Ihre Erwartungen erfülle?
Welche Herausforderungen kommen in den ersten 100 Tagen auf mich zu?
Aus welchem Grund ist die Position vakant?
Stehen größere Veränderungen oder Change-Prozesse an?

....
....
....
....
....
....
....
....
....

KURZIMPULSE

Typische Aufgaben eines Führungsassessments

Es gibt eine Reihe von Aufgaben und Übungen, die typischerweise Bestandteile von Führungsassessments sind.

1. Selbstpräsentation

Ich habe noch nie Assessment ohne Selbstvorstellung erlebt. Sie kommt in unterschiedlichen Gewändern daher, von einer kurzen Vorstellung in ein paar Sätzen bis zu einer ausführlichen Darstellung mit visueller Untermalung. Die Selbstpräsentation beinhaltet deutlich mehr als die Vorstellung der eigenen Person. Die Bewerbung, der CV, das erste Gespräch, deine Online-Profile – all das zählt zu deiner Selbstpräsentation im weiteren Sinne. Wenn du dich nur auf ein Themenfeld vorbereiten kannst: Die Selbstvorstellung ist nicht verhandelbar. Finde den roten Faden in deinem Werdegang und arbeite heraus, was dich als Person, als Führungskraft und fachlich auszeichnet. Ehrlich. Mit Höhen und Tiefen. Erzähl deine Geschichte. Auf den Punkt.

2. Strukturierte Interviews

Die strukturierten Interviews zählen zu den validesten personaldiagnostischen Verfahren und sind damit häufig Bestandteil von Auswahlverfahren. Sie zeichnen sich dadurch aus, dass allen Kandidaten die gleichen Fragen gestellt werden. Jede Frage hat einen bestimmten Hintergrund und zielt auf bestimmte Kompetenzen ab, sodass die verschiedenen Interviews gut miteinander verglichen werden können. Die Vorbereitung auf deine Selbstvorstellung zahlt auf diese Interviews ein. Im Detail solltest du für dich ein Interview mit schwierigen Fragen simulieren.

3. Fachpräsentation

Neben den offensichtlichen Skills wie Fachkompetenz, Präsentationsskills usw., die hier gezeigt werden sollten, geht es hier auch darum, die Kandidatinnen und Kandidaten unter Zeitdruck zu setzen. Bist du in der Lage, in kurzer Zeit aus einer komplexen Problemstellung die wesentlichen Informationen herauszuarbeiten, konkrete Handlungsempfehlungen abzuleiten und diese zu visualisieren? Fasse dich kurz. Komm auf den Punkt.

4. Rollenspiele

Auch Rollengespräche kommen in den verschiedensten Formen daher. Kritik- und Konfliktgespräche mit Mitarbeitenden oder Kolleginnen und Kollegen auf gleicher Hierarchieebene sind häufig gewählte Formate. Für die Gespräche sind dir nicht alle Informationen bekannt. Hab die Zeit im Auge, achte auf die Beziehungsebene (sympathische Hartnäckigkeit) und versuche, die Sichtweise des anderen zu verstehen. Das Gespräch sollte nicht ohne eine verbindliche Vereinbarung und ggf. ein nächstes gemeinsames Treffen enden.

5. Gruppendiskussionen

Gruppendiskussionen nehme ich in Führungsassessments kaum wahr, zumal sich dieses Format in Einzelassessments nicht anbietet. Kommt dieses Format zum Einsatz, handelt es sich zunehmend um Meetings mit dem eigenen Team. Die Moderationsfähigkeit der Führungskraft wird hier auf den Prüfstand gestellt. Auch hier sind der Führungskraft nicht alle Informationen bekannt. Wichtig ist hier, mit Störungen, Widerstand und Interessenlosigkeit umgehen zu können. Ein roter Faden, Visualisierung, Einbezug aller Meetingteilnehmer und ein verbindlicher Abschuss mit einer Entscheidung oder den nächsten Schritten sind unabdingbar. Eine andere Möglichkeit ist eine Runde mit anderen Führungskräften. Hier sind ebenfalls der rote Faden, der Einbezug aller Teilnehmer, Visualisierung und eine verbindliche Lösung wichtig. Besonders geht es hier darum, die eigene Position mit Blick auf das Große und Ganze und andere Positionen zielführend zu vertreten.

6. Postkorbübung

Diese Übung wird zunehmend seltener eingesetzt. Hier hilft, eine Postkorbübung mindestens einmal durchzuführen. Vor allem dann, wenn du sicher bist, dass sie Bestandteil des Assessments ist. Kannst du priorisieren, delegieren und manche Vorgänge einfach in den Papierkorb werfen, wenn sie weder wichtig noch dringend sind?

7. Psychometrische Tests

Die Bandbreite dieser Tests ist groß und umfasst Persönlichkeitstests sowie Speedverfahren (Schnelligkeit) und Powerverfahren (Leistung). Brainteaser-, Analyse- und Matheaufgaben sind in beiden Kategorien zu finden.

Die Auswahl an Persönlichkeitstests ist hoch. Bring' in Erfahrung, ob der Test zu Auswahlzwecken oder für eine fundierte, gemeinsame Reflexion verwendet wird. Du fragst dich, ob du Persönlichkeitstests manipulieren kannst? Besser nicht! Deine Antworten werden dann nicht konsistent und spiegeln dich nicht wider. Du suchst doch deinen Perfect Match, oder nicht?

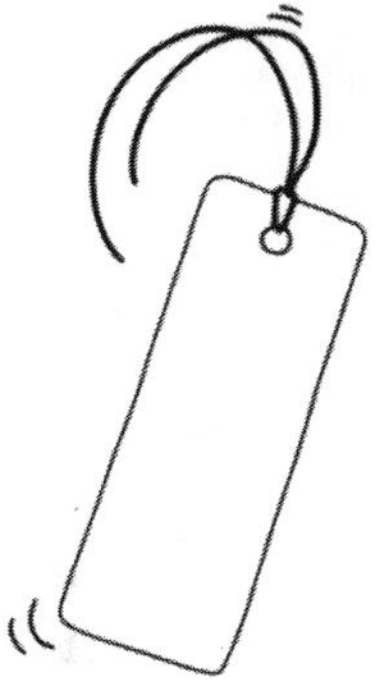

LIES MAL WIEDER!

Wer sich einen schnellen Überblick über Kommunikation für Führungskräfte verschaffen möchte, ist mit »Grundlagen der Kommunikation für Führungskräfte: Mitarbeitende informieren und Führungsgespräche erfolgreich durchführen (essentials)« gut beraten. Urs Alter gibt einen Einblick in die Modelle von Kommunikation und führt mit hohem praktischem Nutzen aus, wie Gespräche zwischen Führungskraft und Mitarbeitenden geführt werden können.

KURZIMPULSE

Kernkompetenzen

Kernkompetenzen sind häufig die Kompetenzen, die sich aus dem Anforderungsprofil nicht zwangsläufig direkt herauslesen lassen, aber für die Bewältigung der Herausforderungen und den Erfolg unabdingbar sind. Kernkompetenzen lassen sich in verschiedene Bereiche aufteilen. Diese können beispielsweise so ausgestaltet sein:

1. Organisations- und Methodenkompetenzen
2. Planung und Organisation, Informationsmanagement, Analyse und Konzeption, Risiko- und Kostenorientierung, Problemlösungskompetenz, Umsetzungsstärke, ganzheitliches Denken, Eigeninitiative, Prozessmanagement sowie Ergebnis- und Zielorientierung
3. Persönlichkeit | Charaktereigenschaften, Werte und Motive

4. Eigenschaften gem. Big Five-Modell, Authentizität, Verantwortungsbewusstsein, Selbstbewusstsein und Selbstklarheit, Motivstruktur, Werteorientierung
5. Repräsentation, Kommunikation und interpersonelle Orientierung
6. souveränes Auftreten, Beziehungsmanagement, Netzwerken, soziale Beziehungen, Begeisterungs- und Motivationsfähigkeit, Überzeugungskraft, Konfliktfähigkeit, Teamorientierung, Kommunikationsskills
7. Unternehmerisches Denken und Handeln, strategischen Denken und Handeln, Innovationskraft und Kreativität, Kosten- und Risikomanagement, Kunden- und Marktorientierung
8. Führungskompetenzen Selbstführung, Führungsmotivation, Führungsverständnis, Machtverständnis, Personalauswahl, Personalentwicklung, Krisenfestigkeit, Entscheidungsfähigkeit, Glaubwürdigkeit, emotionale Kompetenz

DIFFERENTIATE!

Sei alles, außer gewöhnlich!

Die Wahrheit ist, dass weder für Führung, für die Karriere noch in einem Auswahlverfahren das faktische Wissen den Ausschlag gibt. Das vollkommene Fehlen von Expertise ist nur selten tragbar, aber es ist weniger bedeutend, als die meisten Menschen denken. Studien legen nahe, dass bis zu 90 % des Ergebnisses eines Assessment-Centers durch andere Faktoren bestimmt sind.

Als herausragend werden die Kandidaten wahrgenommen, die Wirkung erzielen. Wirkung entsteht aus Persönlichkeit, der inneren Einstellung und Verhalten. Verhalten können wir beobachten. Die Persönlichkeit schwingt immer mit, und gerade bei Führungskräften spielt die Persönlichkeit für Führungsqualitäten und den Erfolg eine Hauptrolle.

Viele Unternehmen haben sich in den letzten Jahren an Mitarbeiterzufriedenheit abgearbeitet, um Mitarbeiterbindung zu erzeugen. Die Gleichung Mitarbeiterzufriedenheit = Mitarbeiterbindung geht aber nicht auf. Wenn es hart auf hart kommt, reichen Sportangebote, der viel zitierte Obstkorb, Restaurantgutscheine und Dienstwagen nicht, um Mitarbeiter an das Unternehmen zu binden. ***Bindung entsteht durch Verbundenheit!*** Verbundenheit entsteht immer zwischen Menschen. Durch erlebbares Verhalten und Nahbarkeit entstehen Glaubwürdigkeit und Vertrauen. Besonders in Krisenzeiten!

Der Mensch, das Menschliche, die authentische Führungskraft wird zum Schlüssel. Verbundenheit entsteht durch die handelnden Personen selbst. Nach innen und außen. So steht man auch in

Krisenzeiten zueinander und folgt durch unbekanntes, schwieriges Gelände. Mitarbeitende werden zu Followern.

Unternehmen brauchen Führungskräfte, die diese Verbundenheit erzeugen können. Das ist einer *der* Erfolgsfaktoren für die Zukunft. Wir kämpfen uns seit Jahren durch unwägbares Gelände. Mit jeder nächsten Krise scheinen wir die schlimmste Krise bewältigen zu müssen. Und doch kam es schlimmer. Das ist die Situation, der wir uns aktuell stellen müssen. Nach der Krise ist vor der Krise.

Was immer du tust, wie du dich bewegst, deine Mimik, deine Gestik … ***Du wirkst immer!***

Schauspielerei wird schnell enttarnt. Du solltest dich nicht verbiegen, besser noch: Du musst dich nicht verbiegen. In meinen Ohren klingt das wie Musik.

Stabil wirken kann nur ein Mensch, der sich mit sich selbst auseinandergesetzt hat und sich seiner selbst bewusst ist. So jemand ruht in sich und strahlt das auch aus. Ich nehme es wahr, ob jemand so wirkt oder nicht. Sei es in meiner Arbeit mit Führungskräften oder in Auswahlkontexten.

Wirkt jemand instabil und nicht mit sich im Reinen, hilft auch die fachliche Expertise nicht mehr. Ich erinnere mich an einen Gedankenaustausch nach strukturierten Interviews. »Die Erfahrung, die Herr Schulze mitbringt, und die Lösungsansätze, die er hatte, suchen seinesgleichen.« »Ja, aber er wird es nicht transportieren können.« Alle Anwesenden wussten sofort, wovon die Rede war. »Hm, ok. Frau Schmitz könnte das transportieren. Wir können sie fachlich weiter entwickeln.« Herr Schulze hatte keine Chance mehr.

Nun ist es mit der Persönlichkeit, der Wirkung und dem Selbstbewusstsein so, dass du diese Themen auf deiner Checkliste zur Vorbereitung nicht mal schnell abhaken kannst. Das erfordert eine dauerhafte Auseinandersetzung und Reflexion.

>>In the animal kingdom, the rule is, eat or be eaten; in the human kingdom, define or be defined.<<

Thomas Szaz

Das ist eine gute wie schlechte Nachricht gleichermaßen. Wer sich noch nie intensiv mit sich auseinandergesetzt hat, wird es schwerer haben. Wer bereits mit sich auseinandergesetzt ist, weiß, dass er schon eine gewisse Grundfitness für ein Audit oder Assessment, aber auch für seine Karriere und seine Führungsaufgabe hat. Hier kannst du aufsetzen, um den Auswahlverfahren mit entsprechendem Selbstbewusstsein, Gestaltungswillen und Offenheit zu begegnen.

Der Erfolg beginnt im Kopf. Eine tiefe innere Klarheit über dich selbst lässt dich stabil in allen möglichen Situationen sein. Es geht aber auch um die Einstellung, mit der du auf ein Verfahren blickst. Mit der Einstellung »Ich bin einfach, wie ich bin« in ein professionelles Verfahren zu gehen, ist nicht besonders hilfreich. Es gibt Sicherheit, bestimmte Themen oder Aufgaben schon mal durchdacht zu haben und auf dieses gedanklich vorsortierte Wissen zugreifen zu können. Auch gibt es Sicherheit, die Anforderungen im Vorhinein zu reflektieren und sich mit bestimmten Aufgabentypen auseinanderzusetzen. Es ist legitim, sich positiv darzustellen. Vergessen wir nicht: Bei aller Authentizität ist es normal, in verschiedenen Rollen unterschiedlich aufzutreten. Authentisch wird häufig mit salopp verwechselt. Nein, darum geht es nicht. Authentizität schließt Professionalität nicht aus.

Auf der anderen Seite ist es auch nicht hilfreich, alle Anforderungen und das gewünschte Verhalten zu antizipieren und diese auf Teufel komm raus in dem Verfahren erfüllen zu wollen. Manch einer hat sich hier selbst ein Bein gestellt.

Ja, es besteht die Gefahr, dass genau das, was du für richtig uns sinnvoll hältst, nicht gut ankommt. Dann passt es nicht. Das Auswahlverfahren hat zum Ziel, den *Perfect Match* auszuloten. Es geht um die Passung zwischen dir als Persönlichkeit, der Unternehmenskultur und der Rolle. Für beide Seiten! Es ein Geschenk, rechtzeitig zu erkennen, wenn es nicht passt!

Ich erlebe es durchaus, dass es innere Ablehnung gegen Verfahren gibt. Seien es externe Auswahlverfahren oder interne Entwicklungsassessments oder Management-Audits. Insbesondere in internen Verfahren wirken die Kandidaten schon mal etwas angefasst. Das ist einer positiven persönlichen Wirkung nicht zuträglich. Von einer Führungskraft kann erwartet werden, dass sie auch mit so einer Situation umgehen kann und in der Lage ist, eine positive Grundhaltung einzunehmen und das Beste für sich und die Firma aus dem Verfahren herauszuziehen. Es birgt schließlich Chancen, die sich sonst niemals ergeben würden. Das Gefühl bestimmt das Denken. Das Denken bestimmt das Handeln. Eine ablehnende innere Grundhaltung wirkt! Ich erinnere mich an ein internes Audit, in dem über die Hälfte der Führungskräfte etwas »verschnupft« daherkam. Nun, es konnte reichlich Entwicklungspotenzial identifiziert werden. Nicht alle konnten diese negative Grundhaltung im Laufe der beiden Tage wettmachen. Schade. Eine verpatzte Chance.

Sich zu zeigen, bedeutet ganz und gar nicht, nur die Sonnenseite der eigenen Vita darzustellen. Es ist nicht möglich, dass das ganze Berufsleben reibungslos und wie am Schnürchen abläuft. Das ist nicht glaubwürdig. Und wenn es wahr wäre, wäre es auch ein Problem. Dann fehlt es an Erfahrungswissen, dem Gold für Unternehmen. Oder es mangelt an der Bereitschaft, sich etwas zu trauen. Oder an Selbstreflexion. Woran es auch immer mangelt, es mangelt.

Diese Verfahren haben auch zum Ziel, deine Grenzen kennenzulernen. Das ist nicht böswillig. Es geht weiter ums Kennenlernen und Einschätzen. Es ist normal. Bleib souverän. ***Bleib bei dir! Das ist der beste Tipp, den ich dir geben kann.***

NIMM'S MIT

Deine Auseinandersetzung mit dir, deiner Persönlichkeit, deinen Werten und deiner Wirkung gibt dir Kontur und Profil. Das ist das, was dich von anderen unterscheidet und dich herausragen lässt.

WAS BRINGT'S FÜRS AUSWAHLVERFAHREN?

Zeig' deine Persönlichkeit. Die ganze Vorbereitung wird dir helfen, dich angemessen zu öffnen und zu reagieren. Für Stress- und Drucksituationen gilt: Bleib bei dir! Du entscheidest, wie du auf Druck reagierst und behältst die Kontrolle über die Situation.

Stelle dir *vor* und *nach* dem Auswahlverfahren die Frage, ob du die Position, um die es geht, wirklich ausfüllen kannst und willst.

> Persönlichkeit ist das, was übrigbleibt, wenn man Ämter, Orden und Titel von einer Person abzieht.
>
> Wolfgang Herbst

KURZIMPULS

Beobachterfehler – wie du sie nutzt

Wie objektiv ist Objektivität wirklich? Interviewer, Recruiter und Beobachter eines Assessments geben ihr Bestes, sind aber doch nur Menschen, denen Fehler unterlaufen. Deswegen ist es wichtig und richtig, dass mehrere Personen beteiligt sind. Es kann für dich hilfreich sein, die typischen Beobachterfehler zu kennen, um sie dir zunutze zu machen oder nicht darüber zu stolpern.

- ***Mental Load und Erinnerungsfehler***
  Überfordere deine Zuhörer nicht. Sie befassen sich mit vielen Kandidaten und Antworten. Viel hilft nicht viel und bleibt nicht im Gedächtnis oder verwirrt sogar. Keep it short and simple und nenne maximal drei bis fünf Aspekte in einer Präsentation, einem Agendapunkt oder einer Antwort.
- ***Sympathieeffekt***
  Jemandem, der sympathisch ist, werden automatisch weitere positive Eigenschaften zugeschrieben! Lächeln, Blickkontakt, direkte Ansprache usw. wirken positiv.

- ***Primacy and Regency-Effekt***
  Beginn und Ende bleiben besonders im Gedächtnis haften! Deine Begrüßung, das Ende des Interviews, der Beginn eines Gesprächs, der Abschied usw. sollten bedacht und souverän gestaltet werden.
- ***Halo-Effekt***
  Ein besonders positives Merkmal einer Person führt zu einer Überbewertung anderer Eigenschaften (Attraktivität, Eloquenz …). Du kannst dir den Halo-Effekt in Verbindung mit dem Primacy-und-Regency-Effekt zunutze machen. Achte auf dein Auftreten und deine Wirkung, auch auf deine Kleidung, ab der ersten Minute. Aber übertreibe es nicht!
- ***Stereotypen-Effekt – weiblich, männlich, 50+, jung, …***
  Besser kokettierst du nicht mit bestimmten Eigenschaften. Du weißt nicht, welche Stereotypen in den Köpfen deiner Gesprächspartner wirken.

#18 – AUF DEN PUNKT

Worum geht es dir?!

Mach dir klar, worum es in dem Verfahren geht. Es geht darum herauszufinden, ob es passt! Für beide Seiten. Was muss erfüllt sein, damit das Unternehmen sich erfolgreich bei dir bewirbt? Kläre für dich, worin für dein Erfolg besteht. Geht es darum, die Position zu bekommen, oder geht es um das Ausloten? Oder geht es vielleicht um etwas ganz anderes? Kläre für dich deine Ziele – beruflich, persönlich und privat.

Was wirklich zählt!

Was wirklich zählt, ist der Mehrwert, den du dem Unternehmen bringst. Du als Person, authentisch, echt und mit Potenzial. Es geht nicht um deinen Lebenslauf. Er ist Vergangenheit. Es geht um die Zukunft! Es geht darum, wer du bist und wer du noch werden kannst. Dein CV dient als Bezugsrahmen. Die Fachlichkeit muss passen, aber der *Perfect Match* ergibt sich aus Cultural Fit, Role Fit und Personal Fit.

Sei vorbereitet. Immer.

Wer seine Führungsposition heute als Status begreift, hat schon verloren. Wer sich als ambitionierte Führungskraft entwickeln will und seinen Job erfüllt ausfüllen möchte, muss sich zwangsläufig ***fit für Karriere und Führung*** machen. Wenn du weißt, was du kannst, wer du bist und wie du dies sinnvoll einsetzen kannst, bist du den Weg schon weit gegangen. Wenn du wie selbstverständlich auch außerhalb von akuten Neu- und Umorientierungen an diesem Punkt stehst, sparst du dir 80 %

der Vorbereitungsarbeit bei einem Jobwechsel. Du agierst aus dir selbst heraus zielgerichteter und souveräner. Die Magie entsteht genau dann, wenn das Schicksal unverhofft an die Tür klopft und dir keine Zeit lässt, dich erst einmal zu sammeln und vorzubereiten. Sogar dann bist du großartig vorbereitet. Der Wert: Unbezahlbar!

Sei vorbereitet. Auf das, was kommt!

Das eine tun, ohne das andere zu lassen. Jeder Karriereschritt, jedes Gespräch, jedes AC oder DC bedarf einer ganz spezifischen Vorbereitung. Zum einen geht es darum, die speziellen Anforderungen und Themen zu antizipieren. Sind Brainteaseraufgaben in einem Onlinetest gefordert? Dann solltest du diese trainieren. Bist du schon mal bei einem Kritikgespräch ins Straucheln gekommen? Dann solltest du üben. Hast du im Interview gemerkt, dass du nicht immer flüssig geantwortet hast? Dann trainiere Interviews. Bestimmte typische AC-Aufgaben machen dir Angst? Übe sie. Im Verfahren selbst schärfst du all deine Sinne, hörst genau hin und reagierst flexibel und situativ.

Zum anderen geht es darum, dich auf das Unternehmen und die Menschen dort einzustellen. Vergiss die Recherche nicht! Mache dir Notizen, die du mit ins Gespräch nimmst, und setze diese Notizen während des Gesprächs fort. Und bedenke: Externe Auswahlverfahren brauchen eine andere Vorbereitung als interne.

Erfolg beginnt im klaren Kopf

Wer kennt den Spruch nicht? Ich würde noch einen Schritt weitergehen. Habe einen klaren Kopf. Sei dir immer bewusst darüber, was du willst! Mach dich frei von Druck und gehe positiv in Gespräche. Deine innere Einstellung bestimmt deine äußere Wirkung! Und fixiere dich nicht zu sehr auf eine ganz bestimmte Position oder Firma! Wusstest du, dass eine Studie herausgefunden hat, dass häufig die ersten Minuten entscheiden?

Setze nicht nur auf ein Pferd

Ich poche immer sehr auf Gleichberechtigung in diesen Verfahren. Beide Seiten haben etwas zu gewinnen oder auch etwas zu verlieren. Unternehmen fahren nicht eingleisig. Aus allen Kandidaten erstellen sie eine Shortlist. Das lege ich dir auch ans Herz. Nur so kannst du Erfahrungen sammeln und deine Eindrücke gegeneinander abwägen. Deine innere Stabilität wird steigen. Ja, das ist Arbeit. Aber es lohnt sich. Für deinen Wunschjob.

Feedback und Nachbereitung

Hol dir Feedback und Reflexion ein, auch schon während des Verfahrens. Erkundige dich, warum du eingeladen worden bist. Frag genau nach, wo die Gründe liegen, wenn die Entscheidung gegen dich ausfällt. Nimm das Feedback und entscheide später, ob es ein Lerngeschenk für dich ist oder das Feedback nicht passt. Und: Notiere dir nach ***jedem*** Kontakt, was du an Erkenntnissen gewonnen hast, was du gelernt hat und was deine Intuition dir sagt.

Everybody's Darling is everybody's Depp

Richte dein Verhalten nicht nach dem aus, von dem du glaubst, dass es erwartet wird. Die Gefahr ist groß, dass du die Erwartungen falsch einschätzt. Bleib bei dir, wenn dich etwas triggert oder du unter Stress gerätst. Das schützt dich auch davor, »sozial« erwünscht zu reagieren, in einen künstlichen Verhaltensmodus oder in den Modus, »es recht machen zu wollen«, zu verfallen. Everybody's Darling is everybody's Depp.

Wer fragt, der führt. Wer führt, der fragt.

Es erstaunt mich immer wieder. Da geben gestandene Führungskräfte das Steuer aus der Hand und ergeben sich dem Verlauf eines Verfahrens. Ich möchte abermals betonen: Ich halte gleichberechtigte Gespräche auf Augenhöhe für selbstverständlich. Fragen stellen ist die einzige Möglichkeit, Informationen und Eindrücke zu bekommen. Mir ist vollkommen schleierhaft, warum selbst gestandene Führungskräfte, die Chance zu fragen, ungenutzt verstreichen lassen. Fragen, fragen, fragen. Bei jeder Gelegenheit, die sich ergibt. Wie willst du sonst eine Entscheidung fällen, die sich gut anfühlt?

Gibt es keine Abkürzung?

Vielleicht fragst du dich, ob du nicht den Teil mit der Persönlichkeit, dem Selbst-Bewusstsein und der eingehenden Beschäftigung mit dir und deinen Zielen ein wenig abkürzen kannst. ***Das hier ist die Abkürzung!*** »Wird schon passen« ist keine Option. Wenn du dir klar bist, an dich glaubst und deine Grenzen kennst, strahlst du Selbstsicherheit aus. Mit einem klaren Ziel vergeudest du nicht so viel Zeit darauf, Optionen zu bewerten und in deinem Kopf hin und her zu bewegen. Du hast einen Maßstab, das Richtige vom Unrichtigen zu unterscheiden. Fahrlässige Fehlentscheidungen werfen dich zurück und führen dich auf Umwege.

NIMM'S MIT!

1. Worum geht es dir?!
2. Was wirklich zählt!
3. Sei vorbereitet. Immer.
4. Sei vorbereitet. Auf das, was kommt!
5. Erfolg beginnt im klaren Kopf.
6. Setze nicht nur auf ein Pferd!
7. Feedback und Nachbereitung
8. Everybody's Darling is everybody's Depp.
9. Wer fragt, der führt. Wer führt, der fragt.
10. Es gibt keine Abkürzung? Das hier ist die Abkürzung!

KURZIMPULS

Die Puzzlesteine zusammenführen – Personal Leadership-Canvas

MEIN STANDORT

Meine Charaktereigenschaften
z.B. deine Big Five

Meine Motive
Was treibt mich an?

Was macht mich außergewöhnlich?
Die Essenz aus One-in-a-million, mein Wow-Effekt

Wie bin ich positioniert?
Wo stehe ich in der Pyramide?
Welche Funktion habe ich?

MEINE GERNE-STÄRKEN

Was kannst du gut und machst du gerne?

MEINE SUPERKRÄFTE

Was kannst du so gut, dass du es selbstverständlich einsetzt, ohne es zu merken?

MEINE GLAUBWÜRDIGKEIT

Fakten
Was legitimiert dich für die Position?

Treiber
Welche Qualitäten machen dich als Führungskraft erfolgreich?

Erlebbarkeit
Woran merken deine MA deine Werte und einen Wow-Effekt konkret?

MEIN FÜHRUNGSSTYLE

Wie ist dein persönlicher Stil zu führen!

KERNWERTE

Deine wichtigsten Werte für dich persönlich

FÜHRUNGSWERTE

Deine wichtigsten Werte für die Führung

MEIN WOFÜR

Wofür stehst du?

Welche Themen treibst du?

MEIN ZUKUNFTSBILD

Was ist deine persönliche Vision von Dir als Führungskraft?

Was sollen andere über dich sagen?

Wie ist deine Ziel-Positionierung?

MEINE GOS & NOGOS

Was ist für dich wichtig und unverhandelbar in deinem Job?

Was geht gar nicht?

MEINE ENTWICKLUNGSFELDER

In welchen Feldern möchtest du dich entwickeln?

Über welche Herausforderungen stolperst du immer wieder?

Machen wir uns nichts vor. Die Aussicht, sich Jobinterviews, Tests und Assessments zu stellen, um in eine neue Verantwortung zu gehen, ist nicht verlockend. Es ist unangenehm, sich ausfragen und von allen Seiten begutachten zu lassen. Die Kontrolle über den Prozess hat jemand anderes. Du musst mitgehen, willst du den Job haben. Glücklicherweise musst du dich dem nicht so oft stellen.

Solange du so denkst, fährst du mit gedrosselten Motoren. Ein kleiner gedanklicher Twist macht hier Meilen für dich.

Du bist Führungskraft. Du lenkst, du steuerst, du führst. Wer mit voller Kraft verantwortlich führen und einen echten Unterschied machen will, muss erst einmal sich selbst führen lernen. Sich, seine Karriere, sein Leben und seinen Führungsstyle. Ein Jobinterview wird damit zu einem Instrument, das dir hilft, den Kurs zu halten, bei veränderter Wetterlage den Kurs zu adjustieren oder mit einer anderen Crew neu auf die Reise zu gehen. Es wird zu einer Chance, einer neuen Option. Diese Chancen kommen als Jobinterviews und Assessments daher, manchmal auch im Gewand zufälliger Begegnungen. Eine meiner wegweisendsten Karriereentscheidungen ist bei einem Abendessen durch ein Gespräch mit jemandem entstanden, den ich bis dahin nicht gekannt hatte. Ich konnte die Chance ergreifen. Ich war vorbereitet.

Dieser Twist gibt der Sache einen neuen Rahmen. Sich als Führungskraft mit Ambitionen fit zu machen für Chancen und Optionen, nimmt erst im Dreiklang mit Karriere und Führung Fahrt auf. Ein Einlassen auf diesen Dreiklang ist für

Führungskräfte, als würden sie zum allerersten Mal eine Reise auf offener See mit einem Dreimaster in Angriff nehmen. Das Ziel und die einzelnen Etappen der Reise sind noch nicht ganz klar. Der Segler wird die Segeljacht durch unbekanntes Gewässer steuern und muss schon vor Reisebeginn an vieles denken. Wer will sich schon auf hoher See verirren? Dennoch wird es dem Skipper unmöglich sein, alle Eventualitäten und Ereignisse vorherzusehen. Kraft seiner einzigartigen Kombination aus Persönlichkeit und Substanz wird er die Herausforderungen gemeinsam mit seiner Crew meistern.

Die erste Fahrt mit der neuen Segeljacht wird vielleicht etwas respekteinflößend und noch keine Weltreise sein. Aber sie führt den Skipper an Orte, an denen er sich wohlfühlt und Menschen begegnet, mit denen er etwas bewegen kann. Vielleicht läuft nicht alles wie gedacht, erlebnis- und lehrreich wird es auf jeden Fall. Zur Belohnung gibt es Erfolgserlebnisse und das Glücksgefühl, das sich nur dann einstellt, wenn man endlich die Nase in den Wind halten kann und sich vollkommen in seinem Element fühlt. Und es gibt neue Erfahrungen – und zwar reichlich. Jede Minute, die der Skipper auf See verbringt, bedeutet ein »Mehr« an Erfahrung. Die Erfahrung als verantwortlicher Schiffsführer für das eigene Schiff kann nur auf See gesammelt werden. Denn das, was er dort entscheidet, gilt. Der kluge Skipper wird flexibel mit Veränderungen der Wetterlage umgehen. Er wird schnell begreifen, was die Crew benötigt, um auf See alles zu geben. All diese Erfahrungen werden ihn als Persönlichkeit stärken und ihm auf seiner nächsten Reise in unbekannte Gewässer Zuversicht geben.

Genauso ist es mit deiner Reise auf dem Dreimaster. Nimm dir die Zeit und betrachte, was du auf deiner Reise durch dieses Buch schon alles erarbeitet hast.

Du weißt inzwischen, wohin deine Reise gehen soll. Du hast eine klare Vision von deiner Reise. Auch hast du Klarheit darüber, was dich persönlich als Steuermann auszeichnet, wer du bist und was dich so einzigartig macht. Du weißt, wie du Führung leben möchtest und welches dein treibendes Thema ist. Und: Du hast eine Mission. Du fährst nicht einfach so drauflos. Du startest mit einer bestimmten Intention. Verabschiede dich vorsorglich schon mal von der Illusion, dass alles wie am Schnürchen nach Plan und bei Sonnenschein verläuft. Es wird anders kommen. Das macht aber nichts.

Du bist vorbereitet auf das, was kommt. Immer.

***Viel Erfolg und alles Gute wünscht Dir
Kerstin Harney***

NIMM'S MIT

Du wirst deinen *Perfect Match* finden! Die Reise, auf die du dich in diesem Buch begeben hast, wird spannend. Sie ist viel mehr als die Vorbereitung auf dein nächstes Bewerbungsgespräch oder das Erlernen von ein paar Führungstools. Sie kann zu deiner persönlichen Revolution werden. Du willst du selbst sein? Du willst etwas bewegen? Du willst ein Leben UND eine Karriere? Du willst als Führungskraft wirksam sein?

Der Online-Bereich des Buches hilft dir dabei!

www.kerstinharney.de/fit-fuer-karriere-online

DANK

Ich habe nicht besonders viele Menschen mit auf die Entstehungsreise dieses Buches genommen. Dennoch haben viele Menschen dazu beigetragen, dass dieses Buch entstehen konnte. Einige von ihnen haben mich direkt unterstützt, viele von ihnen haben einen indirekten Einfluss gehabt und wissen das noch nicht. Es ist mir ein großes Anliegen, ihnen allen zu danken, auch wenn ich sie hier nicht namentlich anspreche.

Manchen von ihnen ist nicht klar, wie entscheidend ihr Impact auf Idee, Inhalte und Entstehung des Buches waren. Ich denke hier besonders an eine geschätzte Kundin und an eine außergewöhnliche Kollegin. Genauso schließe ich die Kunden ein, an denen ich meine Ideen und Methoden ungestraft ausprobieren konnte. Tausend Dank!

Letztlich habe ich doch mehr Zeit gebraucht als ursprünglich gedacht. Ohne das grenzenlose Verständnis meines Mannes und meiner Söhne hätte ich den Fokus nicht so auf dieses Buch legen können. Lieber Helmut, lieber Niklas, lieber Jonas, ich bin euch unendlich dankbar für eure Geduld mit mir!

Die Inhalte dieses Buches entspringen meinen beruflichen und persönlichen Erfahrungen, Beobachtungen und vielen Gesprächen. Ohne diese Erfahrungen und Impulse, die ich über Jahre gesammelt habe, wäre kein Buch entstanden. Es ist unmöglich, alle Menschen, an die ich dabei denke, hier persönlich zu nennen.
Stellvertretend möchte ich doch einigen Menschen an dieser Stelle persönlich danken. Ohne eure speziellen Impulse gäbe es dieses Buch so nicht:

Gerhart Flothow
Roland Franke
Ilka Heinemann
Martin von Hirschhausen
Kathrin Jeglejewski
Britta Kammel
Torsten J. Koerting
Corinna Kirchhoff
Stephan Kowalski
Jessica Lackner
Annegret Rappers
Christiane Säumel
Philipp Sterzinger
Beate Strohbach
Jackie van der Wijk
alle Role-Models für die Figur Ben

Ich bin euch sehr verbunden und dankbar!

Und natürlich meine Eltern und Geschwister … Euer Glaube an mich trägt mich schon mein ganzes Leben und hat mich auch diesmal über alle Hürden springen lassen. Ich danke euch sehr dafür!

ÜBER DIE AUTORIN

Kerstin Harney treibt seit über zwei Jahrzehnten immer wieder die Fragen um, wie es gelingen kann, Leistungsorientierung, Effizienz und Veränderungsdruck mit menschlicher, wirksamer Führung in Einklang zu bringen – ohne dass sich jemand permanent verbiegen muss.

Menschenorientierte Führung ist auch ökonomisch für jedes Unternehmen ein Gewinn. Jeder Mensch reagiert individuell und unvorhersehbar auf Unsicherheit, Veränderungen und Krisen. Menschen sind nicht optimierbar. Für diese Aufgabe braucht es Persönlichkeiten mit Führungskompetenz. Davon ist Kerstin Harney heute überzeugt, denn mit der Bewältigung dieser Stolpersteine hat sie ihre persönlichen Erfahrungen gemacht.

Genau wegen dieser Unterschiedlichkeiten sollte sich jeder mit seinem Job in dem Umfeld bewegen, in dem er sich entfalten kann. Die richtige Person zur richtigen Zeit am richtigen Platz im richtigen Umfeld kann viel bewegen und einen Unterschied machen. Niemand sollte die Chance auf das Richtige verpassen, nur weil sie oder er nicht vorbereitet war und die Spielregeln nicht kannte. Das ist für Kerstin Harney ein Anliegen, seit sie selbst Höhen und Tiefen auf diesem Spielfeld durchlebt hat.

Seit über 25 Jahren ist die Diplom- und Bankkauffrau nun mit Steuerungs-, Strategie-, Führungs- und Personalthemen befasst. Sie verfügt über diverse Zusatzausbildungen wie Organisationsentwicklung, Stress & Burnout, Mentalcoaching, Karriereberatung sowie Persönlichkeitsdiagnostik und -entwicklung. Denn ohne die menschliche Komponente ist der Erfolg von Unternehmen schlicht nicht möglich. Ihre Erfahrungen sammelte sie sowohl im Großkonzern als auch in der Beratung, festangestellt wie freiberuflich. Der Freiberuflichkeit folgte alsbald die Gründung von »strohbach & harney« für die Beratung von Banken sowie die Gründung der Beratung »Kerstin Harney« für die 1:1-Arbeit mit Führungskräften in Führungs- und Karrierefragen.

Ihre Erkenntnisse und Erfahrungen sind unter anderem Inhalte des Buches »Fit für Karriere! Mit Persönlichkeit in Führung gehen – in Auswahlverfahren überzeugen.« Ihr Beratungsansatz ist eine Umkehr alter Muster: Warte nicht auf eine Chance, sei vorbereitet auf das, was kommt. Immer. In deinem Leben. In der Karriere, in der Führung, bei der Auswahl für deine nächste richtige Position. Punkte mit Persönlichkeit und Wertorientierung. Dann folgt der Erfolg dir.

Ihren Ansporn, Führung und Karriere von morgen besser und wirksamer zu gestalten, nutzt Kerstin Harney auch ehrenamtlich als Mentorin für junge Nachwuchskräfte. Aufgewachsen ist die Beraterin im Ruhrgebiet, hat einige Jahre in Frankfurt am Main verbracht und lebt nun mit ihrem Mann und ihren Kindern in ihrer Wahlheimat Köln.